马甲结构设计

案例一：休闲无省系带马甲
034 页

图 3-1

案例二：装饰毛边开襟马甲
035 页

图 3-6

图 3-10

案例三：五粒扣收身传统式马甲
038 页

图 3-13

案例四：背部吊带马甲
040 页

图 3-19

案例五：露背款后腰装饰带马甲
042 页

图 3-26

案例六：双排扣背心式马甲 044 页

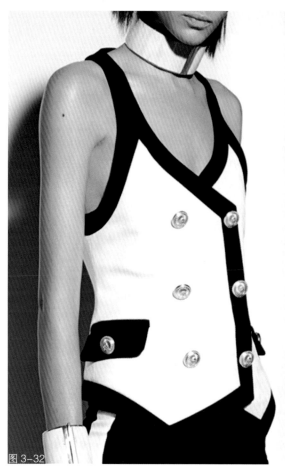

图 3-32

案例七：四粒扣刀背缝分割马甲 046 页

图 3-37

图 3-42

案例八：公主线分割休闲牛仔马甲 049 页

图 3-46

案例九：刀背缝分割加胸省结构马甲 050 页

图 3-50

图 3-55

案例十：罗纹装饰休闲马甲 053 页

图 3-59

图 3-65

图 3-66

图 3-67

图 3-68

图 3-69

图 3-70

图 3-71

图 3-72

图 3-73

图 3-74

图 3-75

图 3-76

图 3-77

图 3-78

图 3-79

图 3-80

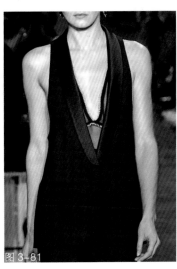

图 3-81

图 3-82

衬衫结构设计

案例一：牛仔衬衫 058 页

图 4-1

图 4-12

案例二：宽松落肩衬衫 062 页

图 4-15　　图 4-26

案例三：坎袖系带休闲衬衫 067 页

图 4-29

案例四：立领竖向装饰褶裥衬衫 069 页

图 4-35

案例五：平领横向装饰褶衬衫 071 页

图 4-45

案例六：前中心抽褶衬衫 074 页

图 4-55

案例七：分割线加褶短袖衬衫 078 页

图 4-66

案例八：半开襟衬衫 081 页

图 4-76

案例九：系带领八分袖衬衫 084 页

图 4-85

案例十：立领休闲衬衫 087 页

图 4-97

图 4-111

衬衫类上装延展结构设计分析 093 页

图 4-114

图 4-115

图 4-116

图 4-117

图 4-118

图 4-119

图 4-120

图 4-121

图 4-122

9

图 4-123

图 4-124

图 4-125

图 4-126

图 4-127

图 4-128

图 4-129

图 4-130

图 4-131

图 4-132

图 4-133

图 4-134

图 4-135

图 4-136

图 4-137

图 4-138

图 4-139

图 4-140

外套结构设计

案例一：无领上装
096 页

图 5-1

案例二：一粒扣戗驳头西服
098 页

图 5-7

案例三：一粒扣青果领上装
102 页

图 5-17

案例四：斜衣襟弧线形翻折线上装 104 页

图 4-24

案例五：双排扣弧线加直线形
翻折线上装 107 页

图 4-34

案例六：叠领胸下分割线上装
110 页

图 5-42

例七：腰部分割半插肩袖上装 114 页

图 5-55

案例八：盖肩袖上装 117 页

图 5-66

案例九：立领连袖上装 120 页

图 5-74

案例十：连身立领褶裥装饰上装 123 页

图 5-84

案例十一：牛仔夹克 126 页

图 5-89

案例十二：插肩袖风衣 129 页

图 5-100

案例十三：无袖短披风上装
132 页

图 5-114

案例十四：高立领连身袖上装
136 页

图 5-127

案例十五：立领双排扣大衣
138 页

图 5-134

外套类上装延展结构设计分析 141 页

图 5-143

图 5-144

图 5-145

图 5-146

图 5-147

图 5-148

图 5-149

图 5-150

图 5-151

图 5-152

图 5-153

图 5-154

图 5-155

"十三五"普通高等教育本科部委级规划教材

女上装结构设计：成衣案例分析手册

刘 旭 著

国家一级出版社　中国纺织出版社　全国百佳图书出版单位

内 容 提 要

本书为"十三五"普通高等教育本科部委级规划教材。

本书分为准备模块、专项模块和完成模块。准备模块和完成模块是对服装款式结构和裁剪工艺制作的承上启下，是结构设计的基础与完善。专项模块分为马甲类上装结构设计、衬衫类上装结构设计、外套类上装结构设计三部分。三部分案例分析设有结构设计延展环节，目的在于扩展学生结构设计的思维能力。案例翔实，步骤详细。

本书既可作为高等院校服装专业教材，也可作为服装行业相关人士参考用书。

图书在版编目（CIP）数据

女上装结构设计：成衣案例分析手册 / 刘旭著 . -- 北京：中国纺织出版社，2017.10（2022.3重印）

"十三五"普通高等教育本科部委级规划教材

ISBN 978-7-5180-4160-2

Ⅰ.①女… Ⅱ.①刘… Ⅲ.①女服—结构设计—高等学校—教材 Ⅳ.① TS941.717

中国版本图书馆 CIP 数据核字（2017）第 245189 号

策划编辑：魏 萌 责任校对：王花妮 责任印制：王艳丽

中国纺织出版社出版发行
地址：北京市朝阳区百子湾东里A407号楼 邮政编码：100124
销售电话：010 — 67004422 传真：010 — 87155801
http://www.c-textilep.com
E-mail: faxing@c-textilep.com
中国纺织出版社天猫旗舰店
官方微博http://weibo.com/2119887771
唐山玺诚印务有限公司印刷 各地新华书店经销
2017 年 10 月第 1 版 2022 年 3 月第 3 次印刷
开本：889×1194 1/16 印张：10.25 插页：8
字数：300千字 定价：42.80元

序

在探讨当下服装专业人才培养模式的大背景下，如何客观务实地满足社会需求，提升服装专业人才的综合素质，是摆在服装教育者面临的一个大课题。基于此，本教材作者从本专业出发，努力搭建学校教育与社会需求之间的桥梁。这本教材从实用的角度出发，总结了作者多年的实践教学经验，结合当代学生接受和学习知识的心理特点，提出了构建服装结构设计思维的理念，教材条理清晰、结构严谨、内容翔实，对服装专业学生和爱好者来说，是一本很好的专业书籍，也是一个得力的学习"助手"。

本教材详细、系统地引入日本文化服装学院新原型的知识理论体系，为国内广大服装专业学生和服装爱好者提供一个很好的专业知识平台，为日本文化服装学院新原型在制板方面的科学性和可操作性作出了很好的诠释。

惠淑琴

2017 年 8 月

前 言

　　编写本系列教材的想法由来已久，具体思路和框架的确定，是在教学实践中经过了反复不断的调整和修正，才最终确定下来。针对实践环节中学生实践经验及应用变化能力不足的问题，深感迫切需要一本既能体现教学知识体系框架和内容、又能结合服装款式变化多样这一特点的实用性强的教材，以弥补学生实践经验少、应变能力不足的弱点。本系列教材力求从服装结构设计的角度出发，注重开发、引导及培养学生结构设计思维体系的构建。教材结构设计思路新颖，符合当下学生学习心理特征与实际需要，有别于单纯案例罗列的书籍。

　　本系列教材共分三册，以实际案例的形式，对女上装、女裤装、女裙装结构分别讲解。本书《女上装结构设计：成衣案例分析手册》共有三个模块：准备模块、专项模块、完成模块。准备模块和完成模块是对服装款式结构和裁剪工艺制作的承上启下，是结构设计的基础与完善。专项模块分马甲类上装结构设计、衬衫类上装结构设计、外套类上装结构设计三部分。三部分案例分析后都设有结构设计延展环节，目的在于扩展学生结构设计的思维能力。马甲类上装结构设计部分主要讲解以省、分割线为主的衣身结构变化，衬衫类上装结构设计部分在以省、分割线为基础的结构上加入装饰褶裥等结构变化，同时对基本领、袖结构变化进行讲解。在这两部分的案例中进一步加入了类似款结构设计变化环节，即在一款服装的结构图基础上稍加变化，得到另一款服装的结构图。此环节设计目的在于增强学生在结构设计中举一反三的能力。外套类上装结构设计部分的衣身结构、领型、袖型变化多样，难度逐步加大，在这一部分中强调讲解结构变化规律及结构的优化处理，目的在于提升学生在结构设计中灵活应变能力及深化结构设计思维能力。

教材以大量翔实的案例为基础，与实际联系紧密，每个案例都是精心挑选，服装款式力求经典，有代表性与延展性，且每个案例涵盖不同知识点。案例排序由浅入深，符合学生学习规律。通过对案例的分析与学习，逐步培养和训练学生结构设计的思维能力。

本书结构图全部以日本文化式新原型为基础制图，设计思维、方法灵活，制图步骤详细，技术操作严谨。

作者

2017 年 7 月

目 录

准备模块

专项模块

完成模块

准备模块

模块 1 女上装结构设计与人体

人体美造就了服装美。服装结构设计，严格地说并不是单单由设计师决定的，设计师必须考虑的是人体工程学。所谓量体裁衣，就明确指出了人体结构与服装结构之间的关系。人体的基本形状与尺寸是构成服装结构形状与大小的依据。对人体体态特征的了解、对人体相关尺寸的测量和服装号型的掌握是结构设计者必备的基本知识。

1. 人体测量与服装结构

1.1 人体测量点部位图及定义（图 1–1、表 1–1）

表 1–1 测量定义

	测量点	定义
①	头顶点	头部保持水平时头部中央最高点
②	眉间点	两眉中心点
③	颈后点（BNP）	第七颈椎的尖突出处
④	颈侧点（SNP）	斜方肌的前缘和肩交点处
⑤	颈前点（FNP）	左右锁骨的上沿与前正中线的交点
⑥	肩端点（SP）	手臂和肩交点处，从侧面看上臂正中央位置
⑦	腋前点	手臂与躯干在腋前交接产生皱褶点（手臂自然下垂状态）
⑧	腋后点	手臂与躯干在腋后交接产生皱褶点（手臂自然下垂状态）
⑨	胸点（BP）	乳房的最高点（戴胸罩时状态）
⑩	肘点	尺骨肘突的最突出的点
⑪	手腕点	尺骨下端处外侧突出点
⑫	臀突点	臀部最突出点
⑬	膝盖骨下点	膝盖骨的下边缘点

资料来源 文化服装学院. 文化ファッション大系　改訂版・服飾造形講座①　服飾造形の基礎［M］. 日本：文化学園文化出発局，2013：54.

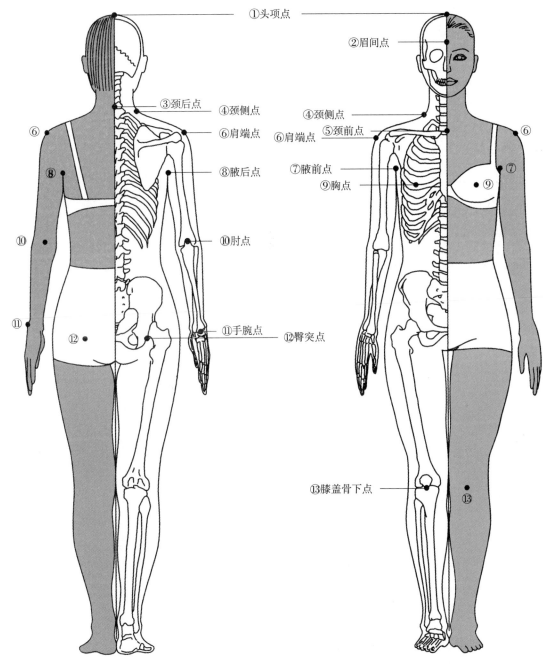

① 头项点
② 眉间点
③ 颈后点　④ 颈侧点
④ 颈侧点　⑤ 颈前点
⑥ 肩端点
⑥ 肩端点
⑧ 腋后点
⑦ 腋前点
⑨ 胸点
⑩ 肘点
⑩ 手腕点　⑫ 臀突点
⑬ 膝盖骨下点

图 1-1

资料来源　文化服装学院. 文化ファッション大系　改訂版・服飾造形講座① 服飾造形の基礎 [M]. 日本：文化学園文化出発局，2013：55.

1.2 人体测量项目和方法（表1-2）

表1-2　测量项目和方法

序号		测量项目	测量方法
围度	1	胸围	沿BP点水平测量一周
	2	胸下围	乳房下沿水平测量一周
	3	腰围	以腰部最细处水平测量一周
	4	腹围	腰与臀之间中央水平测量一周
	5	臀围	在腹部贴上塑料平面板，然后水平通过臀部最高点测量一周
	6	臂根围	经肩端点，前、后腋点测量一周
	7	臂围	沿上臂最粗位置测量一周
	8	肘围	沿肘点最粗处测量一周
	9	手腕围	沿手腕点最粗处测量一周
	10	手掌围	沿手掌最宽大处测量一周
	11	头围	沿眉间点通过脑后最突出处测量一周
	12	颈围	经颈前点、颈侧点、颈后点测量一周
	13	大腿围	沿臀底部大腿最粗处测量一周
	14	小腿围	沿小腿最粗处测量一周
宽度	15	肩宽	经过颈后点的两肩端点间距离
	16	背宽	两腋后点之间水平距离
	17	胸宽	两腋前点之间水平距离
	18	乳间宽	两BP点之间水平距离
长度	19	身高	从头顶到脚后跟的垂直长度
	20	总长	从颈后点量到地面的垂直长度
	21	背长	从颈后点量至腰围线
	22	后长	从颈侧点经肩胛骨量至腰围
	23	乳高	从颈侧点量至BP点距离
长度	24	前长	从颈侧点经BP点量到腰围
	25	臂长	从肩端点经肘点量到手腕点
	26	腰高	从腰围量到地面
	27	臀高	从臀高点量到地面
	28	腰长	腰高减臀高的长度
	29	上裆长	腰高减去下裆的长度
	30	下裆长	从大腿根部量到地面
	31	膝长	从前面腰围量到膑骨下端
其他	32	上裆前后长	从前腰起穿过裆部量到后腰的长度
	33	体重	穿上测量用内衣后身体的重量

资料来源　文化服装学院. 文化ファッション大系　改訂版・服飾造形講座①　服飾造形の基礎［M］. 日本：文化学園文化出発局，2013：56.

（1）测量注意事项：

①测量时的姿势：立姿赤足，头部保持水平，背自然挺直，不抬肩、不耸肩，双臂自然下垂，手心向内，双脚后跟靠紧，脚尖自然分开，自然呼吸。

②测量时的着装：测量时被测者要尽量穿着轻薄的内衣（T恤、文胸、紧身衣）。

（2）测量提示：

①量体前要注意观察被测者体型特征，有特殊部位要注明，以备制图时参考。

②对体胖者的测量尺寸不要过肥或过瘦。

③围量横度时，应注意皮尺不要拉得过松或过紧，要保持水平。

④颈后点是测量时较难找准的点，正确方法是：头部前倾，颈椎部突出点即为颈椎点。找到后，头部恢复正常状态，再进行测量。

⑤背长的尺寸测量：从颈后点沿后背正中线量到腰，因肩胛骨突出，长度加0.7~1cm为宜。

1.3 人体测量数据表（表1-3）

表1-3　人体测量数据表

被测者：_____			性别：_____
测量日期：___年___月___日___			联系方式：_____

序号		测量项目	数据（cm）
围度	1	胸围	
	2	胸下围	
	3	腰围	
	4	腹围	
	5	臀围	
	6	臂根围	
	7	臂围	
	8	肘围	
	9	手腕围	
	10	手掌围	
	11	头围	
	12	颈围	
宽度	13	肩宽	
	14	背宽	
	15	胸宽	
	16	乳间宽	
长度	17	身高	
	18	总长	
	19	背长	
	20	后长	
	21	乳高	
	22	前长	
	23	臂长	
其他	24	体重	
	25	明显体态特征	

2. 人体部位与服装结构图

2.1 人体部位与服装结构名称对应图（图 1-2~ 图 1-4）

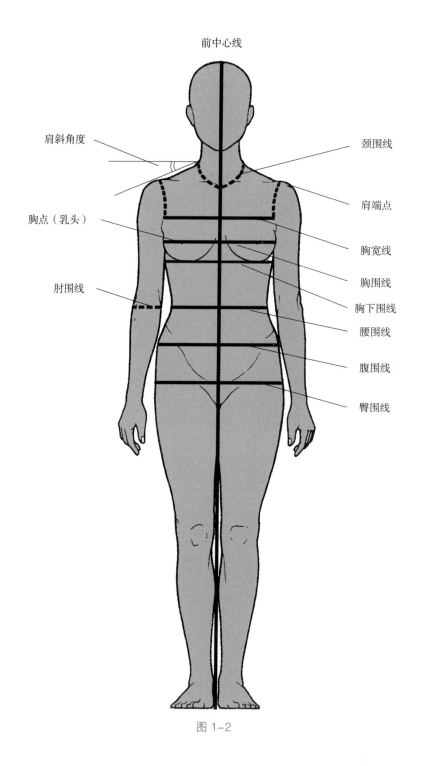

前中心线

肩斜角度

颈围线

肩端点

胸点（乳头）

胸宽线

胸围线

胸下围线

肘围线

腰围线

腹围线

臀围线

图 1-2

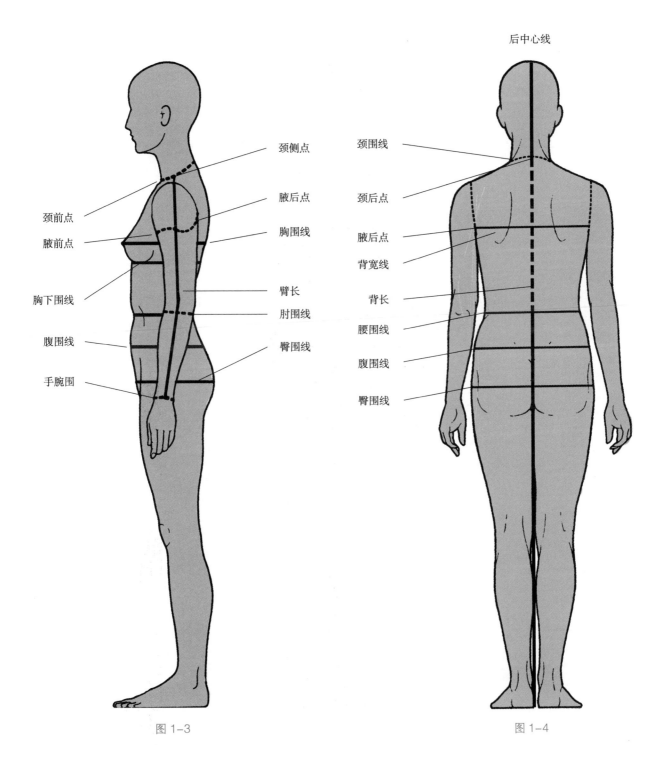

颈侧点

腋后点

胸围线

颈前点

腋前点

臂长

胸下围线

肘围线

腹围线

臀围线

手腕围

后中心线

颈围线

颈后点

腋后点

背宽线

背长

腰围线

腹围线

臀围线

图 1-3

图 1-4

2.2 人体部位与服装结构部位对应图（图1-5、图1-6）

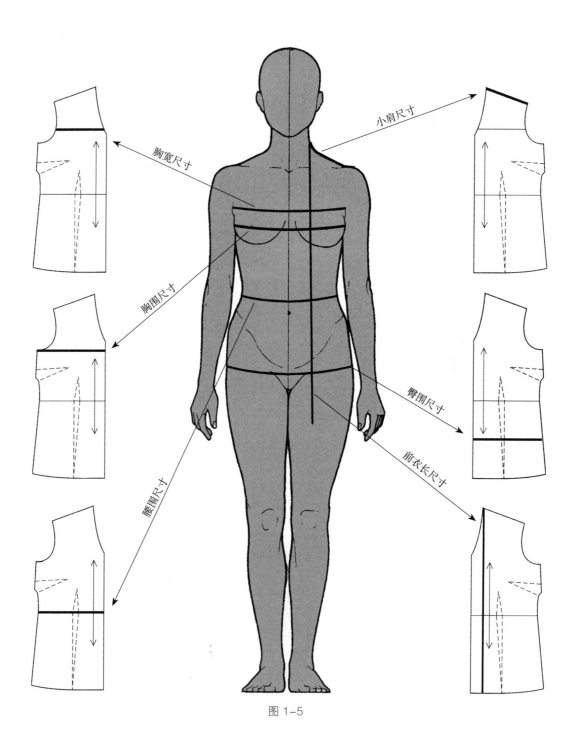

图 1-5

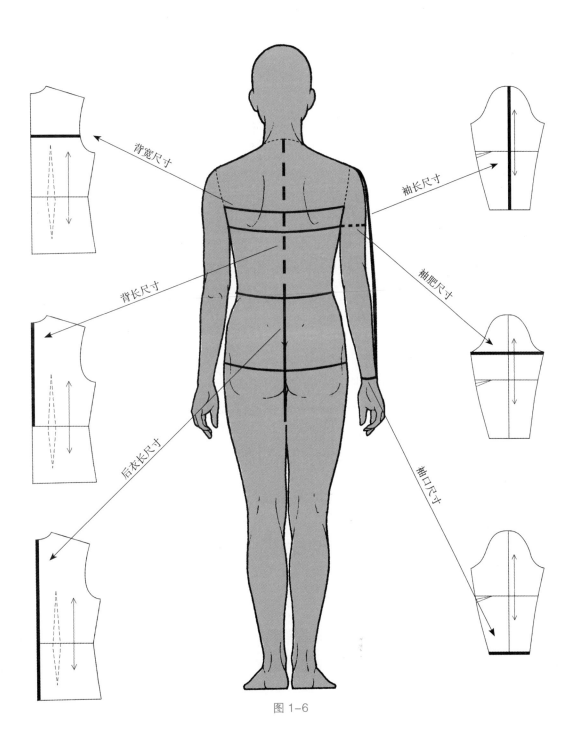

图 1-6

3. 服装号型

3.1 服装号型定义

服装号型：是服装规格的长短与肥瘦的标志，是根据正常人体型规律和使用需要选用的最有代表性的部位（身高、胸围、腰围），经过合理归并设置的。

号：指人体的身高，以厘米为单位表示，是设计和选购服装长短的依据。

型：指人体的上体胸围或下体腰围，以厘米为单位表示，是设计和选购服装肥瘦的依据。

上装的"型"表示净胸围的厘米数。

下装的"型"表示净腰围的厘米数。

3.2 服装号型标注与应用

服装产品出厂时必须标明成品的号型规格，并可加注人体体型分类代号（表1-4）。

表 1-4　我国成人女子体型分类

单位：cm

女子体型	体型分类代号	Y	A	B	C
	胸围与腰围差数	24~19	18~14	13~9	8~4

例：女上装号型　160/84A，表示适合身高158~162cm，净胸围82~85cm，胸围与腰围差18~14cm的A体型者穿着。

例：女下装号型　160/68A，表示适合身高158~162cm，净腰围67~69cm，胸围与腰围差18~14cm的A体型者穿着。

3.3 服装号型系列

服装号型系列是把人体的号和型进行有规律的分档排列。我国GB/T 1335—2008《服装号型》标准中，成人服装号型系列按照成人体型分为四类，每类包括5·4系列、5·2系列。身高以5cm分档，胸围以4cm分档，腰围以4cm、2cm分档，组成5·4系列、5·2系列。通常上装多采用5·4系列，下装多采用5·4、5·2系列。

例：女上装类5·4系列的号型规格，表示身高每隔5cm，胸围每隔4cm分档组成的系列。如155/80、160/84、165/88等。

女下装类5·2系列的号型规格，表示身高每隔5cm，腰围每隔2cm分档组成的系列。如155/66、160/68、165/70等。

3.4 参考尺寸表

在服装结构设计中，标准的参考尺寸和规格是不可少的重要内容，它既是样板师制板的尺寸依据，同时又决定了服装工业化生产后期推板放缩及相关质量管理的准确性和科学性。了解和运用标准的参考尺寸和规格表具有实际意义，我国GB/T 1335—2008《服装号型》标准号型系列见表1-5~ 表1-8。

表 1-5　5·4、5·2　Y 号型系列　　　　　　　　　　　　　单位：cm

胸围＼身高＼腰围	145		150		155		160		165		170		175		180	
															Y	
72	50	52	50	52	50	52	50	52								
76	54	56	54	56	54	56	54	56	54	56						
80	58	60	58	60	58	60	58	60	58	60	58	60				
84	62	64	62	64	62	64	62	64	62	64	62	64	62	64		
88	66	68	66	68	66	68	66	68	66	68	66	68	66	68	66	68
92			70	72	70	72	70	72	70	72	70	72	70	72	70	72
96					74	76	74	76	74	76	74	76	74	76	74	76
100							78	80	78	80	78	80	78	80	78	80

表 1-6　5·4、5·2 A 号型系列　　　　　　　　　　　　　单位：cm

胸围＼身高＼腰围	145			150			155			160			165			170			175			180		
																		A						
72				54	56	58	54	56	58	54	56	58												
76	58	60	62	58	60	62	58	60	62	58	60	62	58	60	62									
80	62	64	66	62	64	66	62	64	66	62	64	66	62	64	66	62	64	66						
84	66	68	70	66	68	70	66	68	70	66	68	70	66	68	70	66	68	70	66	68	70			
88	70	72	74	70	72	74	70	72	74	70	72	74	70	72	74	70	72	74	70	72	74	70	72	74
92				74	76	78	74	76	78	74	76	78	74	76	78	74	76	78	74	76	78	74	76	78
96							78	80	82	78	80	82	78	80	82	78	80	82	78	80	82	78	80	82
100										82	84	86	82	84	86	82	84	86	82	84	86	82	84	86

表 1-7　5·4、5·2 B 号型系列　　　　　　　　　　　　　单位：cm

胸围＼身高/腰围	145		150		155		160		165		170		175		180	
B																
68			56	58	56	58	56	58								
72	60	62	60	62	60	62	60	62	60	62						
76	64	66	64	66	64	66	64	66	64	66						
80	68	70	68	70	68	70	68	70	68	70	68	70				
84	72	74	72	74	72	74	72	74	72	74	72	74	72	74		
88	76	78	76	78	76	78	76	78	76	78	76	78	76	78	76	78
92	80	82	80	82	80	82	80	82	80	82	80	82	80	82	80	82
96			84	86	84	86	84	86	84	86	84	86	84	86	84	86
100					88	90	88	90	88	90	88	90	88	90	88	90
104							92	94	92	94	92	94	92	94	92	94
108									96	98	96	98	96	98	96	98

表 1-8　5·4、5·2 C 号型系列　　　　　　　　　　　　　单位：cm

胸围＼身高/腰围	145		150		155		160		165		170		175		180	
C																
68	60	62	60	62	60	62										
72	64	66	64	66	64	66	64	66								
76	68	70	68	70	68	70	68	70								
80	72	74	72	74	72	74	72	74	72	74						
84	76	78	76	78	76	78	76	78	76	78	76	78				
88	80	82	80	82	80	82	80	82	80	82	80	82				
92	84	86	84	86	84	86	84	86	84	86	84	86	84	86		
96			88	90	88	90	88	90	88	90	88	90	88	90	88	90
100			92	94	92	94	92	94	92	94	92	94	92	94	92	94
104					96	98	96	98	96	98	96	98	96	98	96	98
108							100	102	100	102	100	102	100	102	100	102
112									104	106	104	106	104	106	104	106

表1-9为各体型"女装号型各系列分档数值"，是配合以上4个号型系列的样板推档参数。其中中间体是指在人体的调查数据中所占比例最大的体型，而不是简单的平均值，所以不一定处在号型系列表的中心位置。由于地区的差异性，在制定号型系列表时可根据当地的具体情况和目标顾客的体型特征选定中间体。另外，表中的"采用数"是指推荐使用的数据。

表1-9 服装号型各系列分档数值　　　　　　　　　　　单位：cm

体型	Y							
部位	中间体		5·4系列		5·2系列		身高①、胸围②、腰围③ 每增减1cm	
	计算数	采用数	计算数	采用数	计算数	采用数	计算数	采用数
身高	160	160	5	5	5	5	1	1
颈椎点高	136.2	136.0	4.46	4.00			0.89	0.80
坐姿颈椎点高	62.6	62.5	1.66	2.00			0.33	0.40
全臂长	50.4	50.5	1.66	1.50			0.33	0.30
腰围高	98.2	98.0	3.34	3.00	3.34	3.00	0.67	0.60
胸围	84	84	4	4			1	1
颈围	33.4	33.4	0.73	0.80			0.18	0.20
总肩宽	39.9	40.0	0.70	1.00			0.18	0.25
腰围	63.6	64.0	4	4	2	2	1	1
臀围	89.2	90.0	3.12	3.60	1.56	1.80	0.78	0.90
体型	A							
部位	中间体		5·4系列		5·2系列		身高①、胸围②、腰围③ 每增减1cm	
	计算数	采用数	计算数	采用数	计算数	采用数	计算数	采用数
身高	160	160	5	5	5	5	1	1
颈椎点高	136.0	136.0	4.53	4.00			0.91	0.80
坐姿颈椎点高	62.6	62.5	1.65	2.00			0.33	0.40
全臂长	50.4	50.5	1.70	1.50			0.34	0.30
腰围高	98.1	98.0	3.37	3.00	3.37	3.00	0.68	0.60
胸围	84	84	4	4			1	1
颈围	33.7	33.6	0.78	0.80			0.20	0.20
总肩宽	39.9	39.4	0.64	1.00			0.16	0.25
腰围	68.2	68	4	4	2	2	1	1
臀围	90.9	90.0	3.18	3.60	1.59	1.80	0.80	0.90

体型	B							
部位	中间体		5·4系列		5·2系列		身高①、胸围②、腰围③每增减1cm	
	计算数	采用数	计算数	采用数	计算数	采用数	计算数	采用数
身高	160	160	5	5	5	5	1	1
颈椎点高	136.3	136.5	4.57	4.00			0.92	0.80
坐姿颈椎点高	63.2	63.0	1.81	2.00			0.36	0.40
全臂长	50.5	50.5	1.68	1.50			0.34	0.30
腰围高	98.0	98.0	3.34	3.00	3.30	3.00	0.67	0.60
胸围	88	88	4	4			1	1
颈围	34.7	34.6	0.81	0.80			0.20	0.20
总肩宽	40.3	39.8	0.69	1.00			0.17	0.25
腰围	76.6	78.0	4	4	2	2	1	1
臀围	94.8	96.0	3.27	3.20	1.64	1.60	0.82	0.80
体型	C							
部位	中间体		5·4系列		5·2系列		身高①、胸围②、腰围③每增减1cm	
	计算数	采用数	计算数	采用数	计算数	采用数	计算数	采用数
身高	160	160	5	5	5	5	1	1
颈椎点高	136.5	136.5	4.48	4.00			0.90	0.80
坐姿颈椎点高	62.7	62.5	1.80	2.00			0.35	0.40
全臂长	50.5	50.5	1.60	1.50			0.32	0.30
腰围高	98.2	98.0	3.27	3.00	3.27	3.00	0.65	0.60
胸围	88	88	4	4			1	1
颈围	34.9	34.8	0.75	0.80			0.19	0.20
总肩宽	40.5	39.2	0.69	1.00			0.17	0.25
腰围	81.9	82	4	4	2	2	1	1
臀围	96.0	96.0	3.33	3.20	1.67	1.60	0.83	0.80

注　①身高所对应的高度部位是颈椎点高、坐姿颈椎点高、全臂长、腰围高。
　　②胸围所对应的围度部位是颈围、总肩宽。
　　③腰围所对应的围度部位是臀围。

表1-10~表1-13是配合4个号型系列的"服装号型各系列控制部位数值"。随着身高、胸围、腰围分档数值的递增或递减，人体其他主要部位的尺寸也会相应有规律地变化，这些人体主要部位称为控制部位。控制部位数值是净体数值，即相当于量体的参考尺寸，是设计服装规格的依据。

表1-10　5·4、5·2　Y号型系列控制部位数值　　　　　　　　　　　　单位：cm

Y																
部位	数　值															
身高	145		150		155		160		165		170		175		180	
颈椎点高	124.0		128.0		132.0		136.0		140.0		144.0		148.0		152.0	
坐姿颈椎点高	56.5		58.5		60.5		62.5		64.5		66.5		68.5		70.5	
全臂长	46.0		47.5		49.0		50.5		52.0		53.5		55.0		56.5	
腰围高	89.0		92.0		95.0		98.0		101.0		104.0		107.0		110.0	
胸围	72		76		80		84		88		92		96		100	
颈围	31.0		31.8		32.6		33.4		34.2		35.0		35.8		36.6	
总肩宽	37.0		38.0		39.0		40.0		41.0		42.0		43.0		44.0	
腰围	50	52	54	56	58	60	62	64	66	68	70	72	74	76	78	80
臀围	77.4	79.2	81.0	82.8	84.6	86.4	88.2	90.0	91.8	93.6	95.4	97.2	99.0	100.8	102.6	104.4

表1-11　5·4、5·2　A号型系列控制部位数值　　　　　　　　　　　　单位：cm

A																								
部位	数　值																							
身高	145			150			155			160			165			170			175			180		
颈椎点高	124.0			128.0			132.0			136.0			140.0			144.0			148.0			152.0		
坐姿颈椎点高	56.6			58.5			60.5			62.5			64.5			66.5			68.5			70.5		
全臂长	46.0			47.5			49.0			50.5			52.0			53.5			55.0			56.5		
腰围高	89.0			92.0			95.0			98.0			101.0			104.0			107.0			110.0		
胸围	72			76			80			84			88			92			96			100		
颈围	31.2			32.0			32.8			33.6			34.4			35.2			36.0			36.8		
总肩高	36.4			37.4			38.4			39.4			40.4			41.4			42.4			43.4		
腰围	54	56	58	58	60	62	62	64	66	66	68	70	70	72	74	74	76	78	78	80	82	82	84	86
臀围	77.4	79.2	81.0	81.0	82.8	84.6	84.6	86.4	88.2	88.2	90.0	91.8	91.8	93.6	95.4	95.4	97.2	99.0	99.0	100.8	102.6	102.6	104.4	106.2

单位：cm

表1-12 5·4、5·2 B号型系列控制部位数值

B

部位	数值							
身高	145	150	155	160	165	170	175	180
颈椎点高	124.5	128.5	132.5	136.5	140.5	144.5	148.5	152.5
坐姿颈椎点高	57.0	59.0	61.0	63.0	65.0	67.0	69.0	71
全臂长	46.0	47.5	49.0	50.5	52.0	53.5	55.0	56.5
腰围高	89.0	92.0	95.0	98.0	101.0	104.0	107.0	110.0

部位	数值										
胸围	68	72	76	80	84	88	92	96	100	104	108
颈围	30.6	31.4	32.2	33.0	33.8	34.6	35.4	36.2	37.0	37.8	38.6
总肩宽	34.8	35.8	36.8	37.8	38.8	39.8	40.8	41.8	42.8	43.8	44.8

部位	数值																					
腰围	56	58	60	62	64	66	68	70	72	74	76	78	80	82	84	86	88	90	92	94	96	98
臀围	78.4	80.0	81.6	83.2	84.8	86.4	88.0	89.6	91.2	92.8	94.4	96.0	97.6	99.2	100.8	102.4	104.0	105.6	107.2	108.8	110.4	112.0

单位：cm

表1-13 5·4、5·2 C号型系列控制部位数值

C

部位	数值							
身高	145	150	155	160	165	170	175	180
颈椎点高	124.5	128.5	132.5	136.5	140.5	144.5	148.5	152.5
坐姿颈椎点高	56.6	58.5	60.5	62.5	64.5	66.5	68.5	70.5
全臂长	46.0	47.5	49.0	50.5	52.0	53.5	55.0	56.5
腰围高	89.0	92.0	95.0	98.0	101.0	104.0	107.0	110.0

部位	数值											
胸围	68	72	76	80	84	88	92	96	100	104	108	112
颈围	30.8	31.6	32.4	33.2	34.0	34.8	35.6	36.4	37.2	38.0	38.8	39.6
总肩宽	34.2	35.2	36.2	37.2	38.2	39.2	40.2	41.2	42.2	43.2	44.2	45.2

部位	数值																							
腰围	60	62	64	66	68	70	72	74	76	78	80	82	84	86	88	90	92	94	96	98	100	102	104	106
臀围	78.4	80.0	81.6	83.2	84.8	86.4	88.0	89.6	91.2	92.8	94.4	96.0	97.6	99.2	100.8	102.4	104.0	105.6	107.2	108.8	110.4	112.0	113.6	115.2

日本的服装尺寸表有其先进性和完善性，参考和借鉴日本工业规格和一些常用尺寸表是很有必要的。在此以 1992~1994 年（日本）全国性的测量结果为基础的日本的工业规格（Japanese Industrial Standard，JIS）尺寸表作介绍（表 1-14~ 表 1-16）。

日本工业规格（JIS）

尺寸表内的种类如下：

①体型区分表示

②单数表示

③范围

表 1-14　体型类型表示

体型	范围
A 体型	将日本成人女子的身高分成 142cm、150cm、158cm 及 166cm，并将尺寸：74~92cm 间隔 3cm、92~104cm 间隔 4cm 来区别时，各类身高和尺寸组合起来，把出现率最高的臀围尺寸选出来
Y 体型	比 A 型体型臀部小 4cm
AB 体型	比 A 体型臀部大 4cm，但胸围是 124cm
B 体型	比 A 体型臀部大 8cm

资料来源　文化服装学院. 文化ファッション大系　改訂版・服飾造形講座①　服飾造形の基礎［M］. 日本：文化学園文化出発局，2013：68.

表 1-15　尺寸的种类及名称

R	身高 158cm 的代号，普通的意思，Regular 的第一个字母
P	身高 150cm 的代号，是小的意思，Petite 的第一个字母
PP	身高 142cm 的代号，意思比 P 小，所以用两个 P
T	身高 166cm 的代号，是高的意思，Tall 的第一个字母

资料来源　文化服装学院. 文化ファッション大系　改訂版・服飾造形講座①　服飾造形の基礎［M］. 日本：文化学園文化出発局，2013：68.

表1-16 成年女子用料的尺寸（JIS L 4005—1997）

单位 cm

把相应的各种尺寸、腰部的各年龄段的平均值作定性参考数据。年龄分段为：10表示16~19岁，20表示20~29岁，30表示30~39岁，40表示40~49岁，50表示50-59岁，60表示60-69岁，70表示70~79岁。

A体型：身高142cm

人体基本尺寸	代号	5APP	7APP	9APP	11APP	13APP	15APP	17APP	19APP
	胸围	77	80	83	86	89	92	96	100
	臀围	85	87	89	91	93	95	97	99
	身高	142							

人体参考尺寸	腰围 年龄阶段	5APP	7APP	9APP	11APP	13APP	15APP	17APP	19APP
	10	61	—						
	20	64		70	73	76		—	
	30	67					76	80	
	40		67	70	73				
	50			70		76	80	84	84
	60				76				88
	70					80			

A体型：身高150cm

人体基本尺寸	代号	3AP	5AP	7AP	9AP	11AP	13AP	15AP	17AP	19AP	21AP
	胸围	74	77	80	83	86	89	92	96	100	104
	臀围	83	85	87	89	91	93	95	97	99	101
	身高	150									

人体参考尺寸	腰围 年龄阶段	3AP	5AP	7AP	9AP	11AP	13AP	15AP	17AP	19AP	21AP
	10	58	61	64	64	67	70	73	76	80	84
	20										
	30	61	64	67	67	70	73	76	80	84	88
	40										
	50										
	60	64			70	73	76	80	84	88	92
	70										

A体型：身高158cm

人体基本尺寸	代号	3AR	5AR	7AR	9AR	11AR	13AR	15AR	17AR	19AR
	胸围	74	77	80	83	86	89	92	96	100
	臀围	85	87	89	91	93	95	97	99	101
	身高	158								

人体参考尺寸	腰围 年龄阶段	3AR	5AR	7AR	9AR	11AR	13AR	15AR	17AR	19AR
	10	58	61	61	64	64	67	70	73	80
	20									
	30	61	64	64	67	67	70	73	76	84
	40									
	50	64				70	73	76	80	88
	60	—		67		—	76	80		—
	70									

A体型：身高166cm

人体基本尺寸	代号	3AT	5AT	7AT	9AT	11AT	13AT	15AT	17AT	19AT
	胸围	74	77	80	83	86	89	92	96	100
	臀围	87	89	91	93	95	97	99	101	103
	身高	166								

人体参考尺寸	腰围 年龄阶段	3AT	5AT	7AT	9AT	11AT	13AT	15AT	17AT	19AT
	10	61	61	64	64	64	67	70	73	80
	20									
	30	64	64			67	70	73	76	
	40				67					
	50				70	70	73	73		
	60	—	—						76	
	70							—	—	—

续表

Y体型：身高142cm

代号	9YPP	11YPP	13YPP	15YPP
人体基本尺寸 胸围	83	86	89	92
人体基本尺寸 臀围	85	87	89	91
人体基本尺寸 身高	142	142	142	142
人体参考尺寸 腰围 年龄阶段 10	—	—	70	—
20	—	—	70	—
30	67	67	70	73
40	67	67	70	73
50	67	70	73	76
60	70	73	76	80
70	70	73	76	80

Y体型：身高142cm

代号	5YP	7YP	9YP	11YP	13YP	15YP	17YP
人体基本尺寸 胸围	77	80	83	86	89	92	96
人体基本尺寸 臀围	81	83	85	87	89	91	93
人体基本尺寸 身高	150	150	150	150	150	150	150
人体参考尺寸 腰围 年龄阶段 10	61	61	64	67	70	73	73
20	61	61	64	67	70	73	73
30	61	61	64	67	70	73	76
40	61	64	67	70	73	76	76
50	61	64	67	70	73	76	80
60	64	67	70	73	76	80	84
70	64	67	70	73	76	80	84

Y体型：身高158cm

代号	3YR	5YR	7YR	9YR	11YR	13YR	15YR	17YR	19YR
人体基本尺寸 胸围	74	77	80	83	86	89	92	96	100
人体基本尺寸 臀围	81	83	85	87	89	91	93	95	97
人体基本尺寸 身高	158	158	158	158	158	158	158	158	158
人体参考尺寸 腰围 年龄阶段 10	58	61	61	64	64	67	70	73	76
20	58	61	61	64	64	67	70	73	76
30	58	61	61	64	67	70	73	76	80
40	61	64	64	67	67	70	73	76	80
50	61	64	64	67	70	73	76	80	84
60	—	—	—	70	70	73	76	80	84
70	—	—	—	70	73	—	—	—	—

Y体型：身高166cm

代号	5YT	7YT	9YT	11YT	13YT	15YT
人体基本尺寸 胸围	77	80	83	86	89	92
人体基本尺寸 臀围	85	87	89	91	93	95
人体基本尺寸 身高	166	166	166	166	166	166
人体参考尺寸 腰围 年龄阶段 10	58	61	61	64	67	70
20	58	61	61	64	67	70
30	61	61	64	67	67	70
40	61	64	64	67	70	73
50	61	64	67	70	70	73
60	—	—	67	70	—	—
70	—	—	—	—	—	—

续表

AB 体型：身高 142cm

代号	7ABPP	9ABPP	11ABPP	13ABPP	15ABPP	17ABPP
人体基本尺寸　胸围	80	83	86	89	92	96
人体基本尺寸　臀围	91	93	95	97	99	101
人体基本尺寸　身高	142					
人体参考尺寸　腰围　年龄阶段 10	—		—	—		80
20				73	—	
30						
40		70	73	76		84
50	67					
60	70					
70		73	76	80	84	88

AB 体型：身高 142cm

代号	3ABP	5ABP	7ABP	9ABP	11ABP	13ABP	15ABP	17ABP	19ABP	21ABP
人体基本尺寸　胸围	74	77	80	83	86	89	92	96	100	104
人体基本尺寸　臀围	87	89	91	93	95	97	99	101	103	105
人体基本尺寸　身高	150									
人体参考尺寸　腰围　年龄阶段 10	58	61	64	67	70	73	76	80	—	—
20	61	64								
30										
40			67	70	73	76				
50										
60										
70	64	67	70	73	76	80	80	84	88	92

AB 体型：身高 158cm

代号	3ABR	5ABR	7ABR	9ABR	11ABR	13ABR	15ABR	17ABR	19ABR	21ABR	23ABR	25ABR	27ABR	29ABR	31ABR
人体基本尺寸　胸围	74	77	80	83	86	89	92	96	100	104	108	112	116	120	124
人体基本尺寸　臀围	89	91	93	95	97	99	101	103	105	107	109	111	113	115	117
人体基本尺寸　身高	158														
人体参考尺寸　腰围　年龄阶段 10	61	61	64	67	67	70	73	76	80	—	—	—	—	—	—
20	61		64	67	67	70	73	76	80	—					
30						73									
40	64	64	67	70	73	76	80	84	88	92					
50			67												
60	67	67	70												
70	—	—	—	73	76	80	—	88	—	—					

续表

AB 体型：身高 166cm

代号		5ABT	7ABT	9ABT	11ABT	13ABT	15ABT
人体基本尺寸	胸围	77	80	83	86	89	92
	臀围	93	95	97	99	101	103
	身高	166					
人体参考尺寸 腰围	年龄阶段 10						
	20	61	64	67	70	70	73
	30						
	40	64	67	70	73	73	76
	50						
	60	—	—	73	76	76	80
	70					—	—

B 体型：身高 158m

代号		7BR	9BR	11BR	13BR	15BR	17BR	19BR
人体基本尺寸	胸围	80	83	86	89	92	96	100
	臀围	97	99	101	103	105	107	109
	身高	158						
人体参考尺寸 腰围	年龄阶段 10							
	20	64	67	70	73	76	80	84
	30							
	40	67	70	73	76	80	84	88
	50							
	60	70	73		—	—	88	92
	70	73						

B 体型：身高 150cm

代号		5BP	7BP	9BP	11BP	13BP	15BP	17BP	19BP
人体基本尺寸	胸围	77	80	83	86	89	92	96	100
	臀围	93	95	97	99	101	103	105	107
	身高	150							
人体参考尺寸 腰围	年龄阶段 10							—	—
	20	64	64	67	70	73	76		
	30								
	40	67	67	70	73	76	80	80	84
	50								
	60	—	70	73	76	80	—	84	88
	70		73	76	80			88	—

资料来源 文化服装学院. 文化ファッション大系 改訂版・服飾造形講座① 服飾造形の基礎 [M]. 日本：文化学園文化出発局，2013：69-70.

另外，介绍关于服装制作必需的身体各部位的尺寸，文化服装学院的测量项目以及以 1998 年测量结果为基础的参考尺寸（表 1-17）。日本工业规格的测量是裸体测量，文化服装学院的测量是以制作外衣为目的的人体测量，是在被测者穿胸罩、短裤、紧身衣的状态下进行测量的。由于穿胸罩，胸围尺寸比新 JIS 尺寸要大。

表 1-17　文化服装学院女学生参考尺寸表　　　　　单位：cm

服装制作测量项目和标准值（文化服装学院 1998 年）

	测量项目	标准值
围度尺寸	胸围	84.0
	胸下围	70.0
	腰围	64.5
	腹围	82.5
	臀围	91.0
	臂根围	36.0
	上臂围	26.0
	肘围	22.0
	手腕围	15.0
	手掌围	21.0
	头围	56.0
	颈围	37.5
	大腿围	54.0
	小腿围	34.5
宽度尺寸	背肩宽	40.5
	背宽	33.5
	胸宽	32.5
	双乳间宽	16.0
长度尺寸	身长	158.5
	总长	134.0
	背长	38.0
	后长	40.5
	前长	42.0
	乳高	25.0
	臂长	52.0
	腰高	97.0
	腰长	18.0
	上裆长	25.0
	下裆长	72.0
	膝长	57.0
其他	上裆前后长	68.0
	体重	51.0

资料来源　文化服装学院. 文化ファッション大系　改訂版·服飾造形講座① 服飾造形の基礎［M］. 日本：文化学園文化出発局，2013：71.

模块2 女上装原型结构制图基础

1. 人体结构与原型省道对应图（图2-1）

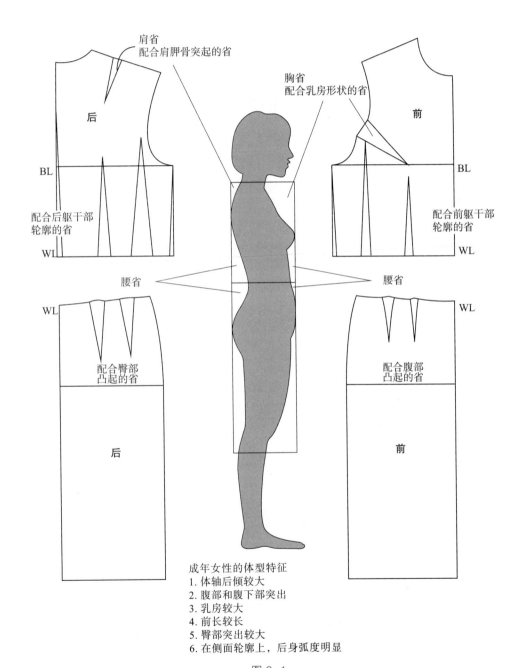

肩省
配合肩胛骨突起的省

胸省
配合乳房形状的省

后

前

BL

BL

配合后躯干部
轮廓的省

配合前躯干部
轮廓的省

WL

WL

腰省

腰省

WL

WL

配合臀部
凸起的省

配合腹部
凸起的省

后

前

成年女性的体型特征
1. 体轴后倾较大
2. 腹部和腹下部突出
3. 乳房较大
4. 前长较长
5. 臀部突出较大
6. 在侧面轮廓上，后身弧度明显

图2-1

资料来源 文化服装学院. 文化ファッション大系　改訂版・服飾造形講座① 服飾造形の基礎［M］. 日本：文化学園文化出発局，2013：73.

2.原型各部位的名称和省道（图2-2）

原型各部位的名称和省道

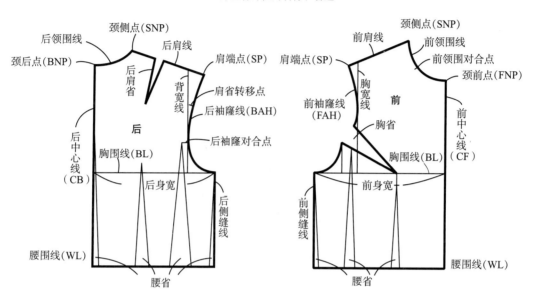

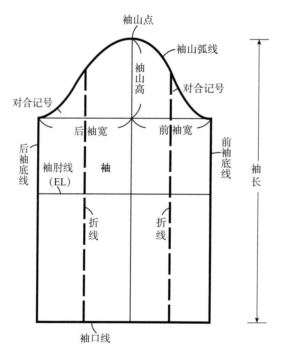

图 2-2

资料来源 文化服装学院. 文化ファッション大系 改訂版・服飾造形講座① 服飾造形の基礎［M］. 日本：文化学園文化出発局，2013：74.

3. 常用制图符号（表2-1）

表2-1　常用制图符号

表示事项	表示符号	说明	表示事项	表示符号	说明
引导线（基础线）		为引出目的线所设计的向导线，用细实线或者虚线显示	交叉线的区别		表示左右线交叉的符号
等分线		表示按一定长度分成等份，用实线或者虚线都可	布纹方向线		箭头表示布纹的经向
完成线（净缝线）		纸样完成的轮廓线用粗实线或粗虚线来表示	斜向		表示布纹的斜势方向
贴边线挂面线		表示装贴边的位置和大小尺寸	绒毛的朝向	顺毛　倒毛	在有绒毛方向或有光泽的布上表示绒毛的方向
对折裁线		表示对折裁的位置	拉伸		表示拉伸位置
翻折线		表示折边的位置或折进的位置	缩缝		表示缩缝位置
缉线		表示缉线位置，也可表示缉线的始和终端	归拢		表示归拢位置
胸点（BP）	×	表示胸高点（BP）	折叠、切展	切展　折叠	表示折叠（闭合）及切展（打开）
直角		表示直角	拼合		表示样板拼合裁剪的符号

表示事项	表示符号	说明	表示事项	表示符号	说明
对合符号		两片衣片合并缝时为防止错位而做的符号，也称剪口、眼刀	活褶		往下端方向拉引一根斜线，表示由高的一面倒压在低的一面上
单褶		朝褶的下端方向引两根斜线，高端一面倒压在低端一面上	纽扣		表示纽扣位置
对褶			扣眼		表示扣眼位置

资料来源 文化服装学院. 文化ファッション大系 改訂版·服飾造形講座① 服飾造形の基礎 [M]. 日本：文化学園文化出発局，2013：80, 81.

4. 常用英文字母缩写代号（表 2-2）

表 2-2 常用英文字母缩写代号

序号	部位名称	英文名称	代号
1	胸围	Bust	B
2	胸下围	Under Bust	UB
3	腰围	Waist	W
4	腹臀围	Middle Hip	MH
5	臀围	Hip	H
6	胸围线	Bust Line	BL
7	腰围线	Waist Line	WL
8	腹臀围线	Middle Hip Line	MHL
9	臀围线	Hip Line	HL
10	肘围线	Elbow Line	EL
11	膝围线	Knee Line	KL
12	胸点	Bust Point	BP
13	颈侧点	Side Neck Point	SNP
14	颈前点	Front Neck Point	FNP
15	颈后点	Back Neck Point	BNP
16	肩端点	Shoulder Point	SP
17	袖窿线	Arm Hole	AH
18	头围	Head Size	HS
19	前中心线	Center Front	CF
20	后中心线	Center Back	CB

资料来源 文化服装学院. 文化ファッション大系 改訂版·服飾造形講座① 服飾造形の基礎 [M]. 日本：文化学園文化出発局，2013：75.

5. 日本文化式新衣原型结构制图

衣身原型结构制图：

规格：160/84A，胸围：84cm，背长：38cm，腰围：66cm，臂长：52cm。

5.1 基础线绘制（图2-3）

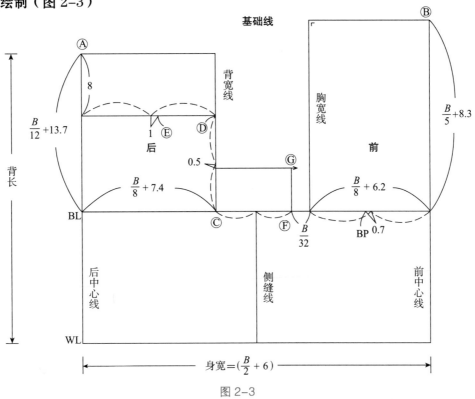

图 2-3

①从Ⓐ往下，取背长作为后中心线。

②在 WL 上取 $B/2+6$cm （胸围 /2）。

③在后中心线上从Ⓐ点往下取 $B/12+13.7$cm 确定 BL 的位置。

④作出前中心线并在 BL 位置上画出水平线。

⑤从后中心线起在 BL 上取 $B/8+7.4$cm（背宽）作为Ⓒ点。

⑥从Ⓒ点起向上作垂线，作为背宽线。

⑦从Ⓐ点起作 BL 平行线与背宽线相交。

⑧从Ⓐ点起往下 8cm 再画水平线与背宽线相交为Ⓓ点，并将后中心线到Ⓓ点之间分成二等份，从二等份处往侧缝方向 1cm 作为Ⓔ点。此点为肩省的向导点。

⑨从前中心的 BL 线起往上取 $B/5+8.3$cm 作为Ⓑ点。

⑩从Ⓑ点起画水平线。

⑪前中心线沿着 BL 线取 $B/8+6.2$cm（胸宽），并在胸宽二等分点处往侧缝方向 0.7cm 作为 BP 点。

⑫加入胸宽线画长方形。

⑬在 BL 线上胸宽线处往侧缝方向取 $B/32$cm 作为Ⓕ点，从Ⓕ点画垂线与ⒸⒹ的二等份点往下 0.5cm 处引出水平线相交于点Ⓖ，将这个水平线作为Ⓖ线。

⑭点Ⓒ和点Ⓕ之间作二等分并引出垂直线交于 WL 上，作为侧缝线。

5.2 画领口线、肩线、袖窿线、省道（图2-4）

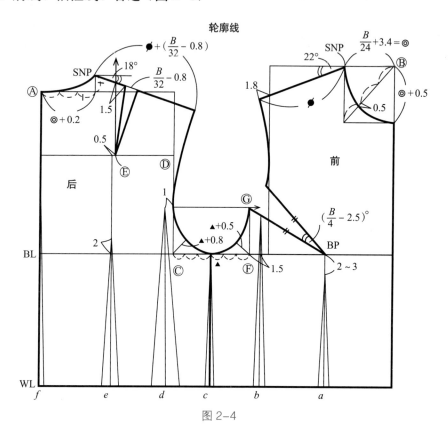

图 2-4

①画前领口：从⑧点起取 $B/24+3.4$cm$= ◎$（前领口宽），此点作为 SNP。然后从⑧点起向下取 $◎ +0.5$cm（领口深）画长方形，长方形中画一条对角线，分成三等份，在下 1/3 等份点往下 0.5cm 作为向导点，画顺前领口线。

②画前肩线：将 SNP 作为基点，以水平线取 22° 作为前肩斜线，在与胸宽线的交点处往外延长 1.8cm，画出前肩线。

③画胸省和前袖窿上部线：将⑥点和 BP 连接，在这条线上用（$B/4-2.5$cm）的角度取胸省量。两省边线长度相等，从前肩点连接胸宽线画出前袖窿。

④画前袖窿底线：将⑥点和侧缝之间三等分，1/3 量为▲，然后在角分线上取▲ +0.5cm，作为向导点，连接⑥点到侧缝线，画顺前袖窿底线。

⑤画后领口线：从④点起在水平线上取 $◎ +0.2$cm（后领口宽），分成三等份，取一等份高度垂直向上的位置作为 SNP，画顺后领口线。

⑥画后肩线：从 SNP 起作一水平线，取 18° 的后肩斜度作为后肩线。

⑦加入后肩省：前肩宽的尺寸再加肩省量（$B/32-0.8$cm），得到后肩线。由⑥点向上引出垂线，与肩线交点处往后肩点侧取 1.5cm 处为肩省的位置。

⑧画后袖窿线：从⑥点起角分线上取▲ +0.8cm 作为向导点，从后肩点起连顺背宽线、向导点，画顺后袖窿线。

⑨画腰省：

省 a——BP 下。

省 b——从⑥点起往前中心 1.5cm。

省 *c*——侧缝线。

省 *d*——背宽线与Ⓖ线的交点处向后中心水平 1cm。

省 *e*——从Ⓔ点起向后中心 0.5cm 处。

省 *f*——后中心。

将这些点画垂直线作为省的中心线，各省量由相对总省量比例计算得出。总省量为（*B*/2+6）-（*W*/2+3）。腰省量参考表 2-3。

表 2-3　上半身原型的腰省分配表　　　　　　　　　　　单位：cm

总省量	*f*	*e*	*d*	*c*	*b*	*a*
100%	7%	18%	35%	11%	15%	14%
9	0.630	1.620	3.150	0.990	1.350	1.260
10	0.700	1.800	3.500	1.100	1.500	1.400
11	0.770	1.980	3.850	1.210	1.650	1.540
12	0.840	2.160	4.200	1.320	1.800	1.680
12.5	0.875	2.250	4.375	1.375	1.875	1.750
13	0.910	2.340	4.550	1.430	1.950	1.820
14	0.980	2.520	4.900	1.540	2.100	1.960
15	1.050	2.700	5.250	1.650	2.250	2.100

资料来源　文化服装学院. 文化ファッション大系　改訂版・服飾造形講座①　服飾造形の基礎［M］. 日本：文化学園文化出発局，2013：87.

5.3 不使用量角器作图时肩斜度和胸省的计算方法

①前、后肩斜度的确定方法，绘制如图 2-5 所示。

前肩斜度：从 SNP 点向左画水平线并取 8cm，垂直向下 3.2cm，连接 SNP 点并延长为前肩线。

后肩斜度：从 SNP 点向右画水平线并取 8cm，垂直向下 2.6cm，连接 SNP 点并延长为后肩线。

画胸省：将Ⓖ点和 BP 点连接，从Ⓖ点取 *B*/12-3.2cm 作为胸省的量。

②胸省量参见表 2-4。胸围在 93cm 以内可以使用计算式，胸围在 94cm 以上按表格数据作图后还要修正袖窿。

表 2-4　胸省量参照表（不使用量角器的计算式）　　　　　　　单位：cm

B	77	78	79	80	81	82	83	84	85	86	87	88	89	90
胸围	3.2	3.3	3.4	3.5	3.6	3.6	3.7	3.8	3.9	4.0	4.1	4.1	4.2	4.3
B	91	92	93	94	95	96	97	98	99	100	101	102	103	104
胸围	4.4	4.5	4.6	4.6	4.7	4.8	4.9	5.0	5.1	5.1	5.2	5.3	5.4	5.5

资料来源　文化服装学院. 文化ファッション大系　改訂版・服飾造形講座①　服飾造形の基礎［M］. 日本：文化学園文化出発局，2013：88.

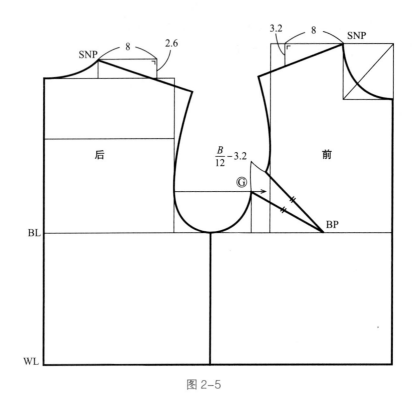

图 2-5

5.4 袖原型制图

袖原型是依据衣身原型的袖窿尺寸（AH）和袖窿形状来绘制的，如图 2-6 所示。

①将衣身袖窿形状拷贝到另一张纸上：画衣片的 BL 线、侧缝线，将后肩点到袖窿线、背宽线拷贝，画Ⓖ线水平线。然后将前片Ⓖ线到侧缝线的袖底线拷贝，按住 BP 关闭袖窿省，再拷贝从肩点开始的前袖窿线。

②确定袖山高度，画袖长：将侧缝向上延长作为袖山线，并在此线上确定袖山高度，袖山的高度是前后肩高度差的 1/2 到 BL 的 5/6。从袖山顶点取袖长尺寸画袖口线。

③取袖窿尺寸作袖山辅助线并确定袖宽，绘制如图 2-7 所示：取前 AH 尺寸连接袖山点交前 BL 上，取后 AH+1cm+ ★尺寸连接袖山点交后 BL 上，然后从前后的袖宽点分别向下画袖底线。

④画袖山弧线：将衣身袖窿底的●与○之间的弧线分别拷贝到袖底前后。前袖山弧线是从袖山点起在斜线上取前 AH/4 的位置处在斜线上垂直抬高 1.8~1.9cm 的高度连线画成凸弧线，接着在斜线和Ⓖ线的交点往上 1cm 处渐渐改变成凹弧线连接，并画顺。后袖山弧线是取前 AH/4 的位置往上 1.9~2cm，并连线形成凸弧线，在斜线和Ⓖ线交点处下 1cm 处渐渐改变成凹弧线连接，并画顺。

⑤画袖肘线：取袖长 1/2+2.5cm 确定袖肘位置，画出袖肘线（EL）。

⑥加入袖折线，绘制如图 2-8 所示：将前、后袖宽各自二等分，加入折线并将袖山弧线拷贝到折线内侧，确认袖底弧线。

⑦绘制袖窿线、袖山弧线的对合记号：取前袖窿线上Ⓖ到侧缝线的尺寸在前袖底线做对合记号，后侧的对合记号是取后袖窿底、后袖底线的●的位置。从对合记号起到袖底线，前、后均不加入缩缝。

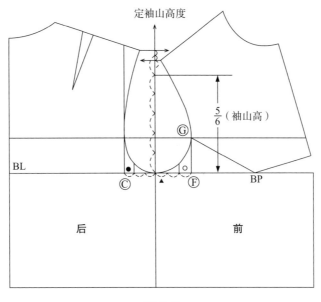

图 2-6

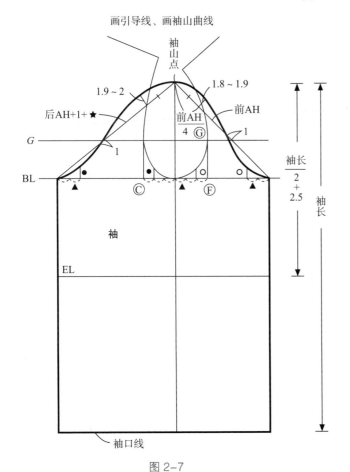

图 2-7

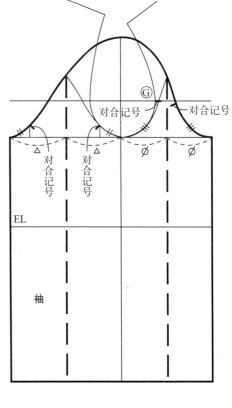

图 2-8

5.5 关于袖山的缩缝量

袖山弧线尺寸要比袖窿尺寸多 7% ~8%，这些差便是缩缝量。这个缩缝量是为装袖所留的，也是为了满足人体手臂的形状。袖山的缩缝量能使衣袖外形富有立体感。

5.6 据胸围计算生成的各部位数据一览表（表 2-5）

表 2-5　各部位尺寸参照表

单位: cm

B	身宽 B/2+6	Ⓐ~BL B/12+13.7	背宽 B/8+7.4	BL~Ⓑ B/5+8.3	前胸宽 B/8+6.2	B/32	前领口宽 B/24+3.4=◎	前领口深 ◎+0.5	胸省 度 (B/4-2.5)°	胸省 cm B/12-3.2	后领口宽 ◎+0.2	后肩省 B/32-0.8	★	★
77	44.5	20.1	17.0	23.7	15.8	2.4	6.6	7.1	16.8	3.2	6.8	1.6		0.0
78	45.0	20.2	17.2	23.9	16.0	2.4	6.7	7.2	17.0	3.3	6.9	1.6		0.0
79	45.5	20.3	17.3	24.1	16.1	2.5	6.7	7.2	17.3	3.4	6.9	1.7		0.0
80	46.0	20.4	17.4	24.3	16.2	2.5	6.7	7.2	17.5	3.5	6.9	1.7		0.0
81	46.5	20.5	17.5	24.5	16.3	2.5	6.8	7.3	17.8	3.6	7.0	1.7		0.0
82	47.0	20.5	17.7	24.7	16.5	2.6	6.8	7.3	18.0	3.6	7.0	1.8		0.0
83	47.5	20.6	17.8	24.9	16.6	2.6	6.9	7.4	18.3	3.7	7.1	1.8		0.0
84	48.0	20.7	17.9	25.1	16.7	2.6	6.9	7.4	18.5	3.8	7.1	1.9		0.0
85	48.5	20.8	18.0	25.3	16.8	2.7	6.9	7.4	18.8	3.9	7.1	1.9		0.1
86	49.0	20.9	18.2	25.5	17.0	2.7	7.0	7.5	19.0	4.0	7.2	1.9		0.1
87	49.5	21.0	18.3	25.7	17.1	2.7	7.0	7.5	19.3	4.1	7.2	2.0		0.1
88	50.0	21.0	18.4	25.9	17.2	2.8	7.1	7.5	19.5	4.1	7.3	2.0		0.1
89	50.5	21.1	18.5	26.1	17.3	2.8	7.1	7.6	19.8	4.2	7.3	2.0		0.1
90	51.0	21.2	18.6	26.3	17.5	2.8	7.2	7.6	20.0	4.3	7.4	2.0		0.2
91	51.5	21.3	18.7	26.5	17.6	2.8	7.2	7.7	20.3	4.4	7.4	2.1		0.2
92	52.0	21.4	18.8	26.7	17.7	2.9	7.2	7.7	20.5	4.5	7.4	2.1		0.2
93	52.5	21.5	18.9	26.9	17.8	2.9	7.3	7.7	20.8	4.6	7.5	2.1		0.2
94	53.0	21.5	19.0	27.1	18.0	2.9	7.3	7.8	21.0	4.6	7.5	2.2		0.2
95	53.5	21.6	19.2	27.3	18.1	3.0	7.4	7.8	21.3	4.7	7.6	2.2		0.3
96	54.0	21.7	19.3	27.5	18.2	3.0	7.4	7.9	21.5	4.8	7.6	2.2		0.3
97	54.5	21.8	19.4	27.7	18.3	3.0	7.4	7.9	21.8	4.9	7.6	2.2		0.3
98	55.0	21.9	19.5	27.9	18.5	3.1	7.5	8.0	22.0	5.0	7.7	2.3		0.3
99	55.5	22.0	19.6	28.1	18.6	3.1	7.5	8.0	22.3	5.1	7.7	2.3		0.3
100	56.0	22.0	19.7	28.3	18.7	3.1	7.6	8.1	22.5	5.1	7.8	2.3		0.4
101	56.5	22.1	19.8	28.5	18.8	3.2	7.6	8.1	22.8	5.2	7.8	2.4		0.4
102	57.0	22.2	19.9	28.7	19.0	3.2	7.7	8.2	23.0	5.3	7.9	2.4		0.4
103	57.5	22.3	20.0	28.9	19.1	3.2	7.7	8.2	23.3	5.4	7.9	2.4		0.4
104	58.0	22.4	20.2	29.1	19.2	3.3	7.7	8.2	23.5	5.5	7.9	2.5		0.4

资料来源　文化服装学院. 文化ファッション大系　改訂版・服飾造形講座① 服飾造形の基礎 [M]. 日本：文化学園文化出発局，2013：90.

专项模块

模块 3　马甲结构设计

1. 马甲结构设计案例一：休闲无省系带马甲

1.1 款式特点分析

　　此款马甲款式简洁大方，领口与袖窿底下方开量较大，肩部尺寸较窄。衣身前襟可系也可打开穿着，与其他服装搭配灵活，适用性强。适合选用软而薄、垂感较好的针织面料制作（图3-1、图3-2）。具体规格尺寸设计见表3-1。

图 3-1

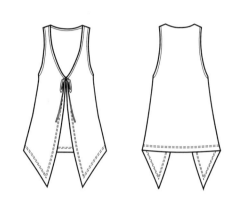

图 3-2

表 3-1　规格表　　　　　　　　　　　　　　　　　　　　　单位：cm

号 / 型	部位	衣长	胸围
160/84A	净体尺寸	38（背长）	84
	成品尺寸	62	94

1.2 结构制图要点

①以 160/84A 规格的原型为基础制图。

②原型省道分散变化：后衣身肩省的 1/2 转移到袖窿处作为松量；前衣身胸省的 1/4 作为袖窿处松量，余量转入腰省处，绘制如图 3-3 所示。

③衣长（原型颈后点至后衣摆的长度）：前、后衣身原型腰线水平放置，后衣身在腰节线向下延长 24cm，定衣长为 62cm；前衣身在腰节线向下延长 24cm+14cm，绘制如图 3-4 所示。

④胸围：前衣身胸围线处去除 1cm 的量；前、后衣身腋下点均下落 6cm。

⑤衣身领口、袖窿处包边工艺处理，领口处包边延伸为系带，绘制如图 3-5 所示。

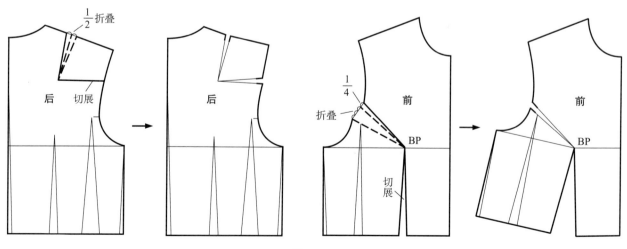

图 3-3

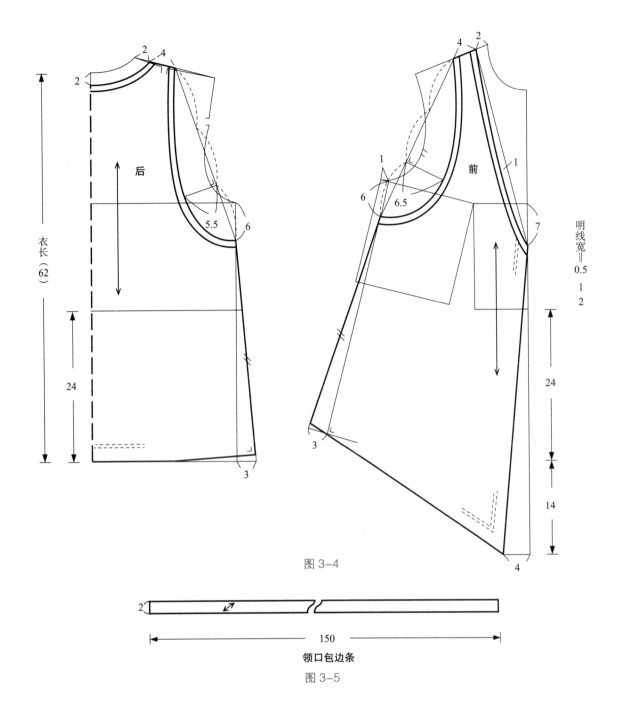

图 3-4

领口包边条

图 3-5

2. 马甲结构设计案例二：装饰毛边开襟马甲

2.1 款式特点分析

此款马甲简洁而挺括，无省道收身，以毛边作为装饰，前襟自然敞开。前领口稍下落，肩部尺寸较宽。前胸与后背装饰毛边处有横向分割线设计，适合选用较硬挺的面料制作（图 3-6、图 3-7）。具体规格尺寸设计见表 3-2。

图 3-6   图 3-7

表 3-2 规格表   单位：cm

号/型	部位	衣长	胸围	臀围
160/84A	净体尺寸	38（背长）	84	90
	成品尺寸	52	93	—

2.2 结构制图要点

①以 160/84A 规格的原型为基础制图。

②原型省道分散变化：后衣身肩省全部转移到袖窿处，其中的 1/3 量在衣身育克分割线结构中去除，余量作为袖窿松量；前胸省量的 2/5 转移到腰省处，1/5 的量在衣身育克分割线结构中去除，余量作为袖窿松量，绘制如图 3-8 所示。

③衣长（原型颈后点至后衣摆的长度）：前、后衣身原型腰围线水平放置，后衣身在腰围线向下延长 14cm，定衣长为 52cm，绘制如图 3-9 所示。

④胸围：前衣身胸围线处去除 1.5cm 的量。

⑤腰长即臀围线位置：（号/10）+2.5cm。

⑥前、后衣身侧缝长度相同。

⑦过前衣身胸省上端作水平线为育克分割线位置，分割线处省量为前胸省的量 1/5。

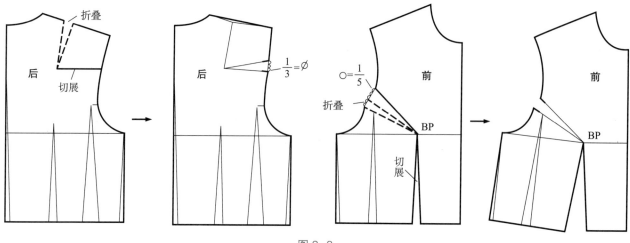

图 3-8

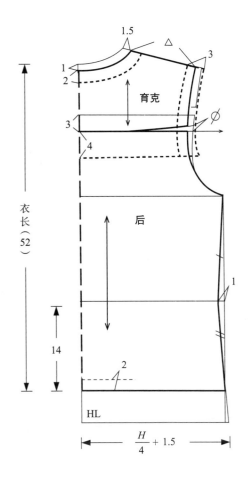
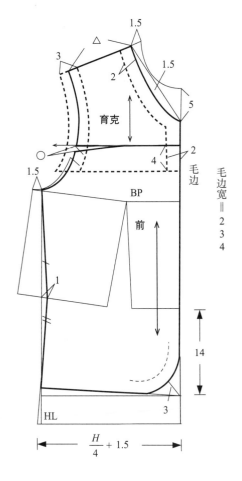

图 3-9

2.3 款式拓展要点分析（图 3-10、图 3-11）

图 3-10 与图 3-6 服装款
式廓形有相似之处，两者衣身
廓形简单都成直身形，面料都
有硬朗之感。图 3-10 的结构
制图可以在图 3-6 的结构图基
础上进行变化得到。具体规格
尺寸设计见表 3-3。

图 3-10

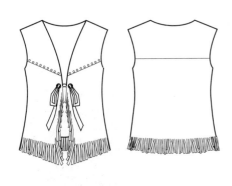

图 3-11

表 3-3　规格表　　　　　　　　　　　　　　　　　　　　　单位：cm

号 / 型	部位	衣长	胸围	臀围
160/84A	净体尺寸	38（背长）	84	90
	成品尺寸	51	93	—

2.4 结构设计变化要点（图3-12）

①图3-10衣摆处加流苏衣长为51cm。

②图3-10衣身胸围放松量与图3-6相同为9cm。

③袖窿深度不变。

④颈前点下落量加大，取20cm。

⑤前胸部分割线由水平线改为斜线，袖窿处收量可保留。

⑥后衣身育克分割线不变。

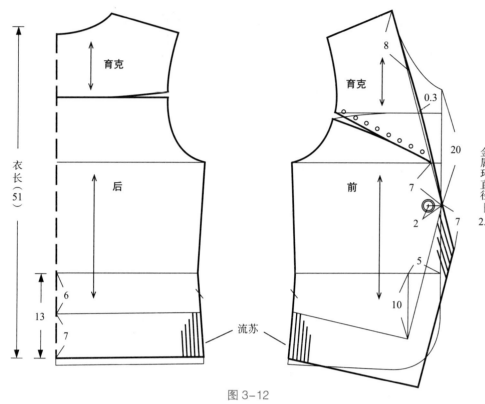

图3-12

3. 马甲结构设计案例三：五粒扣收身传统式马甲

3.1 款式特点分析

此款马甲款式传统、经典，整体衣身较合体，内可穿着衬衫或薄毛衫。前衣身腰省长至衣摆，五粒扣，四个单牙挖袋设计。后衣身纵向分割线位置偏向侧缝，后腰部有腰带调解松紧。后衣身可选用较软而薄的面料搭配（图3-13、图3-14）。具体规格尺寸设计见表3-4。

图3-13

图3-14

表3-4　规格表　　　　　　　　　　　　　　　　　单位：cm

号/型	部位	衣长	胸围	臀围
160/84A	净体尺寸	38（背长）	84	90
	成品尺寸	46	94	—

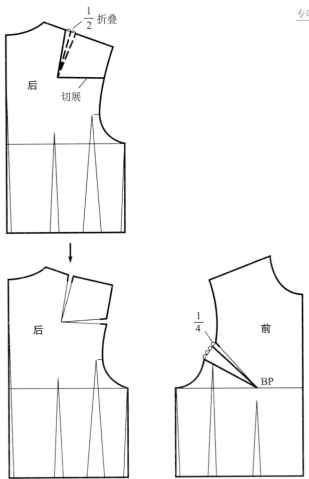

图 3-15

3.2 结构制图要点

①以 160/84A 规格的原型为基础制图。

②原型省道分散变化：后衣身肩省量的 1/2 转移
到袖窿处作为松量；前衣身胸省量的 1/4 作为
袖窿处松量，余量转移到腰省处，绘制如图
3-15 所示。

③衣长（原型颈后点至后衣摆的长度）：前、后
衣身原型腰线水平放置，后衣身在腰围线向下
延长 8cm，定衣长为 46cm；前衣身在腰围线
向下延长 8cm+5cm，绘制如图 3-16 所示。

④胸围：后衣身胸围线处加放 1cm，在后中心线
和分割线处去除总量为 1cm；前衣身胸围线处
去除 1cm 的量。

⑤前、后衣身腰围线上抬 1cm。

⑥腰长即臀围线位置：（号 /10）+2.5cm。

⑦后衣身腰省以原型腰省 d 靠后中心一侧开始，

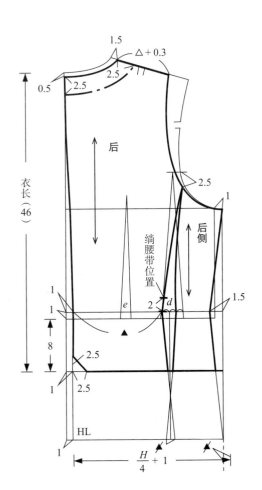

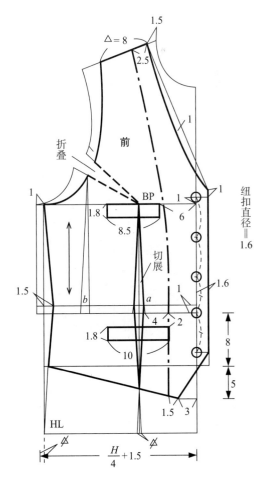

图 3-16

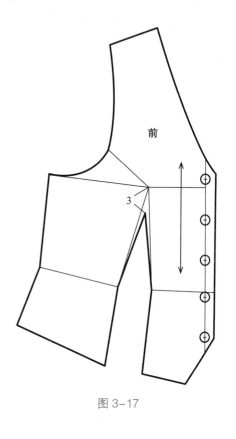

在上抬腰围线上量取 2/3 的量为省量；前衣身腰省量为原型腰省 a 在上抬腰围线上的量。

⑧前衣身胸省余量闭合，转移到腰省处，并修正省尖，绘制如图 3-17 所示。

⑨前、后肩线差可依具体面料调节。

⑩后装饰腰带绘制如图 3-18 所示。

图 3-17

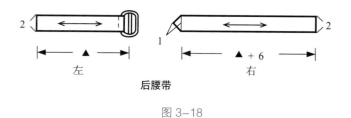

后腰带

图 3-18

4. 马甲结构设计案例四：背部吊带马甲

4.1 款式特点分析

此款马甲属时尚休闲款式，前衣身有袖窿省和腰省做收身处理，腰节线处做横向分割设计。后衣身呈 Y 型吊带露背样式，腰部有系带调解松紧设计，后衣身可选用较软而薄的面料搭配制作（图 3-19、图 3-20）。具体规格尺寸设计见表 3-5。

图 3-19

图 3-20

表 3-5　规格表　　　　　　　　　　　　　　　　单位：cm

号 / 型	部位	衣长	胸围	臀围
160/84A	净体尺寸	38（背长）	84	90
	成品尺寸	46	92	—

4.2 结构制图要点

①以 160/84A 规格的原型为基础制图。

②原型省道分散变化：后衣身肩省的 1/3 转移到袖窿处作为松量；前衣身胸省的 1/5 作为袖窿处松量，余量

作为袖窿省，绘制如图 3-21 所示。

③衣长（原型颈后点至后衣摆的长度）：前、后衣身原型腰围线水平放置，后衣身在腰围线向下延长 8cm，定衣长为 46cm；前衣身在腰围线向下延长 11cm+4cm，绘制如图 3-22 所示。

④胸围：后衣身胸围线在后中心处去除 0.5cm 的量，前衣身胸围线处去除 1.5cm 的量。

⑤腰长即臀围线位置：（号/10）+2.5cm。

⑥前衣身口袋位置：原型腰省 a 前端向前中心方向取 1cm，再向下 0.5cm 为袋口前端。袋口与前衣身下部分割线平行。

⑦前、后衣身下摆纸样在省道处闭合并修正轮廓线，绘制如图 3-23、图 3-24 所示。

⑧后装饰腰带，绘制如图 3-25 所示。

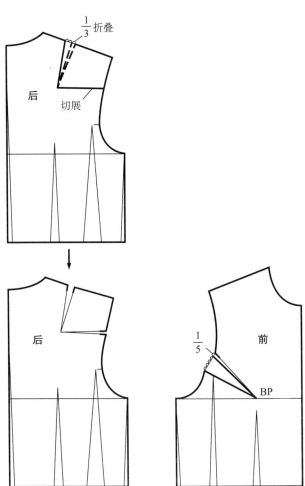

图 3-21

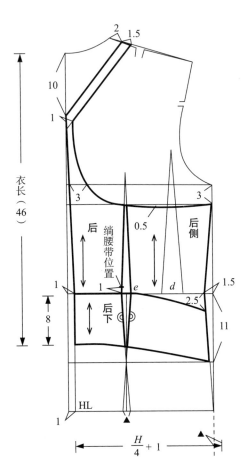

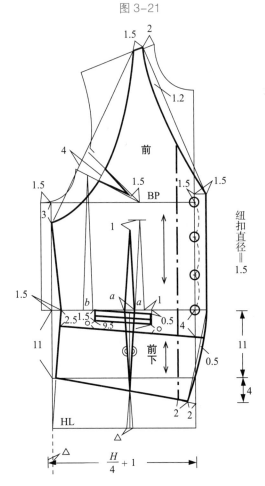

图 3-22

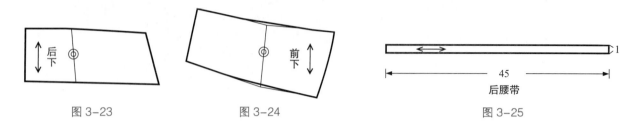

图 3-23   图 3-24   图 3-25

5. 马甲结构设计案例五：露背款后腰装饰带马甲

5.1 款式特点分析

　　此款马甲款式时尚，前衣身以腰省做收身处理，前领口下开量较大，三粒包扣设计。肩部露出部分较大，无肩线呈吊带样式。后背部露出，后腰部与前衣身连接，并有装饰带设计，调节松紧（图 3-26、图 3-27）。具体规格尺寸设计见表 3-6。

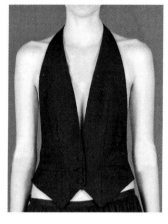

图 3-26

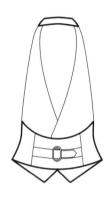

图 3-27

表 3-6　规格表　　　　　　　　　　　　　　　单位：cm

号 / 型	部位	衣长	胸围	臀围
160/84A	净体尺寸	38（背长）	84	90
	成品尺寸	42	88	—

5.2 结构制图要点

①以 160/84A 规格的原型为基础制图。

②前、后原型不作省道分散变化，绘制如图 3-28 所示。

③衣长（原型颈后点至后衣摆的长度）：前、后衣身原型腰围线水平放置，后衣身在腰围线向下延长 4cm，定衣长为 42cm；前衣身在腰围线向下延长 4cm+8cm，绘制如图 3-29 所示。

④胸围：后衣身胸围线处去除 1.5cm 的量；前衣身胸围线处去除 2.5cm 的量。

⑤前、后衣身腋下点下落 7cm。

⑥前、后衣身腰围线上抬 2cm。

⑦腰长即臀围线位置：（号 /10）+2.5cm。

⑧后衣身分割线处腰省量为原型 e 省在上抬腰围线处的量加 1cm。

⑨前衣身口袋位置：原型腰围线上 a 省前端点向前中心方向量取 3cm，再向下 0.5cm 为袋口前端位置。

⑩前衣身胸省余量闭合，转移到腰省处；修正省尖位置及袖窿处轮廓线，绘制如图 3-30 所示。

⑪后装饰腰带绘制如图 3-31 所示。

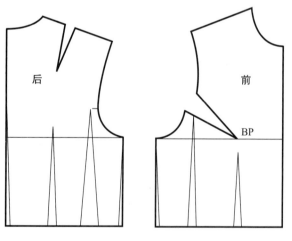

图 3-28

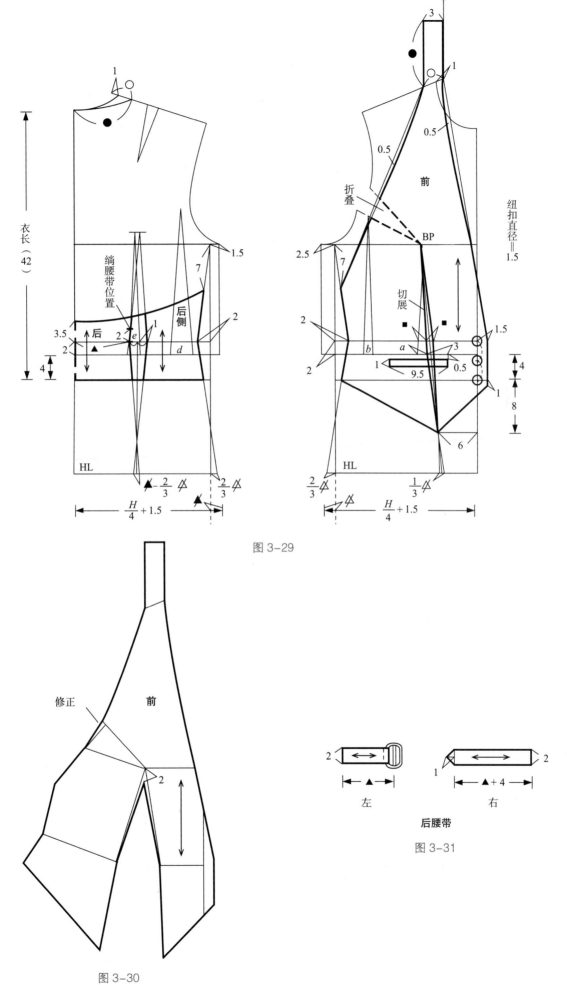

图 3-29

图 3-30

后腰带

图 3-31

6. 马甲结构设计案例六：双排扣背心式马甲

6.1 款式特点分析

　　此款马甲款式较有特色，前衣身以纵向分割线做收身处理，双排扣吊带背心式设计，袖窿底下落量较大。后衣身完整，纵向分割线收身与前衣身呼应，前、后衣身加装饰边设计（图3-32、图3-33）。具体规格尺寸设计见表3-7。

图 3-32

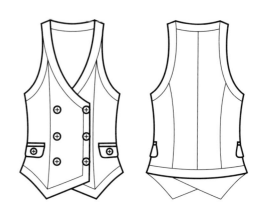

图 3-33

表 3-7　规格表　　　　　　　　　　　　　　　　　　　　单位：cm

号/型	部位	衣长	胸围	臀围
160/84A	净体尺寸	38（背长）	84	90
	成品尺寸	50	88	—

6.2 结构制图要点

①以160/84A规格的原型为基础制图。

②前、后原型不作省道分散变化，绘制如图3-34所示。

③衣长（原型颈后点至后衣摆的长度）：前、后衣身原型腰围线水平放置，后衣身在腰围线向下延长12cm，定衣长为50cm；前衣身在腰围线向下延长12cm+7cm，绘制如图3-35所示。

④胸围：后衣身胸围线处去除总量2cm；前衣身胸围线处去除2cm。

⑤前、后衣身腋下点下落4cm。

⑥前、后衣身腰围线上抬2cm。

⑦腰长即臀围线位置：（号/10）+2.5cm。

⑧后衣身分割线处腰省量为原型e省在上抬腰围线处的量加1cm。

⑨前衣身胸省余量闭合；修正外部轮廓线，绘制如图3-36所示。

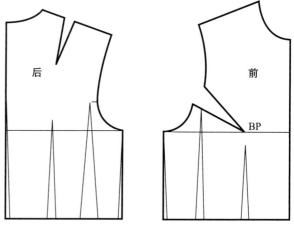

图 3-34

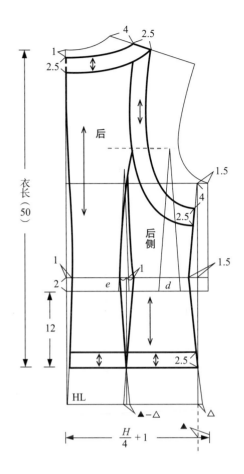
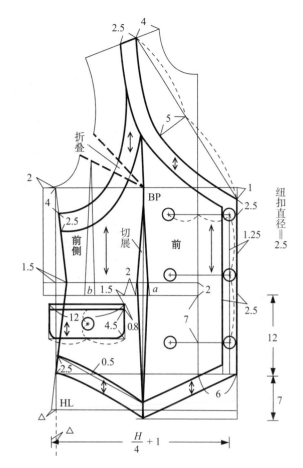

图 3-35

图 3-36

7. 马甲结构设计案例七：四粒扣刀背缝分割马甲

7.1 款式特点分析

此款马甲前、后衣身以刀背缝分割做收身处理，四粒扣，较宽的单兜牙上有明线装饰设计。前领口横开口较宽，且领口线有一定弧度，整体衣身较合体（图3-37、图3-38）。具体规格尺寸设计见表3-8。

图 3-37

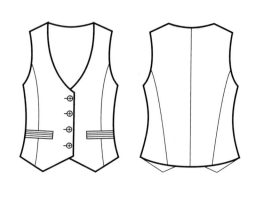

图 3-38

表 3-8　规格表　　　　　　　　　　　　　　　　　　　　　　单位：cm

号/型	部位	衣长	胸围	臀围
160/84A	净体尺寸	38（背长）	84	90
	成品尺寸	44	90	—

7.2 结构制图要点

①以160/84A规格的原型为基础制图。

②原型省道分散变化：后衣身肩省的1/3转移到袖窿处作为松量；前衣身胸省的1/5作为袖窿处松量，余量转移至肩省处，绘制如图3-39所示。

③衣长（原型颈后点至后衣摆的长度）：前、后衣身原型腰围线水平放置，后衣身在腰围线向下延长6cm，定衣长为44cm；前衣身在腰围线向下延长6cm+5cm，绘制如图3-40所示。

④胸围：后衣身胸围线在分割线和后中心线处去除总量1.5cm；前衣身胸围线处去除1.5cm。

⑤前、后衣身腰围线上抬2cm。

⑥腰长即臀围线位置：（号/10）+2.5cm。

⑦前衣身口袋位置：原型腰围线上a省前端点向前中心方向量取4cm，向上作垂线交于上抬腰围线点为袋口前端位置。

⑧前衣身肩省闭合，切展处拉开的量较小，根据面料的厚度、弹性、硬度等具体情况可以用缝缩量处理；修正外部轮廓线，绘制如图3-41所示。

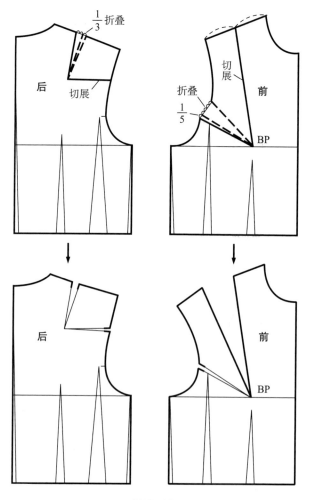

图 3-39

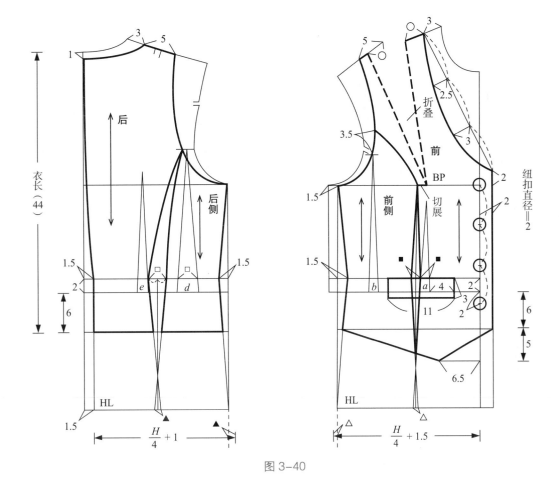

图 3-40

7.3 款式拓展要点分析

图 3-42 与图 3-37 马甲款式衣身轮廓基本相同，图 3-42 马甲衣身分割线在图 3-37 马甲的基础上有所变化，衣摆部向前倾斜。具体规格尺寸设计见表 3-9。

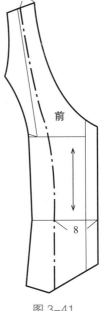

图 3-41

图 3-42

 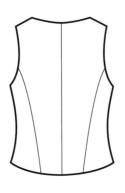

图 3-43

表 3-9　规格表　　　　　　　　　　　　　　　　　　单位：cm

号／型	部位	衣长	胸围	臀围
160/84A	净体尺寸	38（背长）	84	90
	成品尺寸	44	90	—

7.4 结构设计变化要点（图 3-44、图 3-45）

① 图 3-42 衣身胸围设计放松量与图 3-37 相同为 6cm。

② 前、后衣长相同，前、后衣身衣摆处造型有所变化。

③ 袖窿深设计与图 3-37 袖窿深相同。

④ 颈侧点处加开 1cm。

⑤ 后片侧部的分割线在腰围线以下顺势延长至衣摆，再以其为基准确定后侧片的分割线。

⑥ 前衣身分割线以前片的分割线为基准，腰省量平移，确定前侧片的分割线。

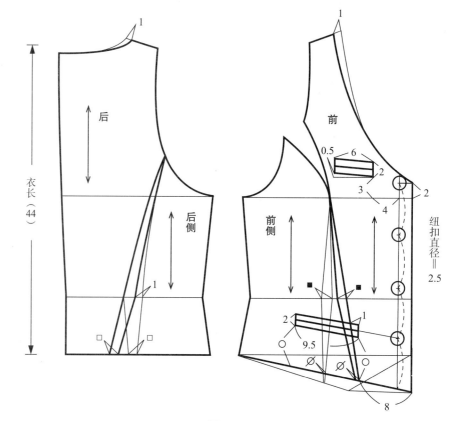

图 3-44

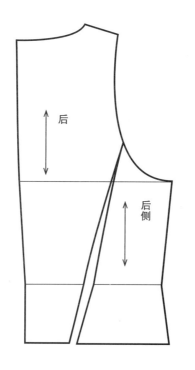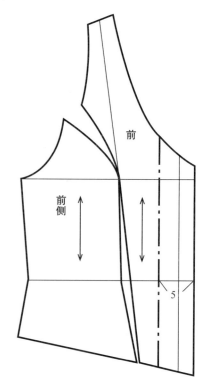

图 3-45

8. 马甲结构设计案例八：公主线分割休闲牛仔马甲

8.1 款式特点分析

此款马甲前、后衣身以公主线分割做收身处理，三粒扣，前衣身腰部有三道收腰装饰带设计，左胸部双牙胸袋，袖窿底下落量适中。前、后衣身有双明线装饰设计（图3-46、图3-47）。具体规格尺寸设计见表3-10。

图 3-46

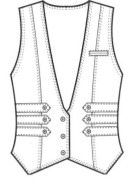 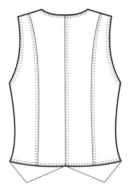

图 3-47

表 3-10 规格表 单位：cm

号/型	部位	衣长	胸围	臀围
160/84A	净体尺寸	38（背长）	84	90
	成品尺寸	50	92	—

8.2 结构制图要点

①以 160/84A 规格的原型为基础制图。

②原型省道分散变化：后衣身肩省的 1/3 转移到袖窿处作为松量；前衣身胸省的 1/5 作为袖窿处松量，余量转移至肩省处，绘制如图 3-48 所示。

③衣长（原型颈后点至后衣摆的长度）：前、后衣身原型腰围线水平放置，后衣身在腰围线向下延长 12cm，定衣长为 50cm；前衣身在腰围线向下延长 12cm+5cm，绘制如图 3-49 所示。

④胸围：后衣身胸围处在分割线和后中心线去除总量 1cm；前衣身胸围处去除 1cm。

⑤前、后衣身腰围线上抬 1cm。

⑥腰长即臀围线位置：（号/10）+2.5cm。

⑦前衣身分割线处的腰省量为 a 省在原型腰围线上抬 1cm 处的量。

⑧前衣身装饰带：每个宽 2.8cm，间隔 1.2cm；长度不含分割线处的量。

⑨后衣身分割线处的腰省量为 d 省在原型腰围线上抬 1cm 处的量减去 0.5cm；起点为 e 省在腰围线上抬 1cm 处靠近侧缝一侧。

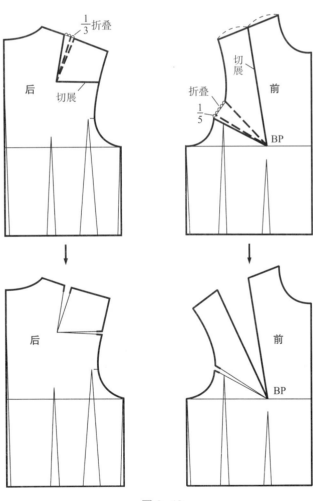

图 3-48

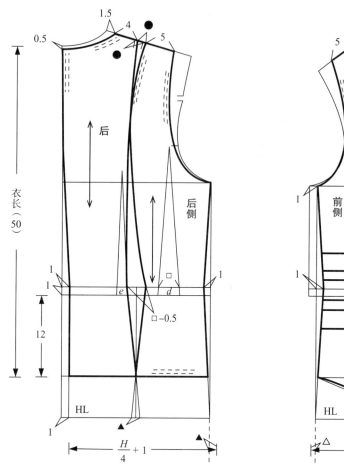
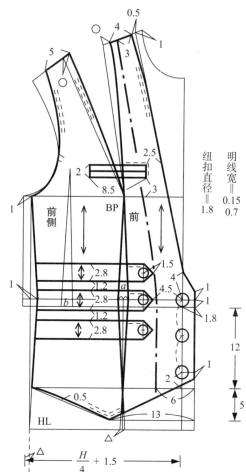

图 3-49

9. 马甲结构设计案例九：刀背缝分割加胸省结构马甲

9.1 款式特点分析

　　此款马甲前后衣身以刀背缝分割做收身处理，前衣身刀背缝分割线距 BP 点较远，加胸省结构做合体处理。五粒扣，两个双牙挖袋，袖窿底稍下落（图 3-50、图 3-51）。具体规格尺寸设计见表 3-11。

图 3-50

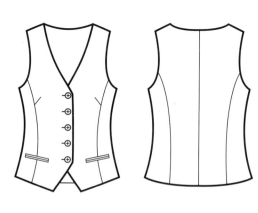

图 3-51

表 3-11　规格表
单位：cm

号/型	部位	衣长	胸围	臀围
160/84A	净体尺寸	38（背长）	84	90
	成品尺寸	48	90	—

9.2 结构制图要点

①以 160/84A 规格的原型为基础制图。

②原型省道分散变化：后衣身肩省的 1/3 转移到袖窿处作为松量；前衣身胸省的 1/5 作为袖窿处松量，余量转移至肩省处，绘制如图 3-52 所示。

③衣长（原型颈后点至后衣摆的长度）：前、后衣身原型腰围线水平放置，后衣身在腰围线向下延长 10cm，定衣长为 48cm；前衣身在腰围线向下延长 10cm+4cm，绘制如图 3-53 所示。

④胸围：后衣身胸围处在分割线和后中心线去除总量 1cm；前衣身胸围处去除 2cm。

⑤腰长即臀围线位置：（号/10）+2.5cm。

⑥后衣身分割线处的腰省量为 d-1.5cm；起点为 d 省靠后中心一侧。

⑦口袋位置：腰围线上 a 省前端点向前中心方向量取 1cm，再向下作垂线量取 1cm，为袋口前端位置；袋口后端起翘 1cm。

⑧前衣身肩省闭合，省量转移到分割线中，绘制如图 3-54 所示。

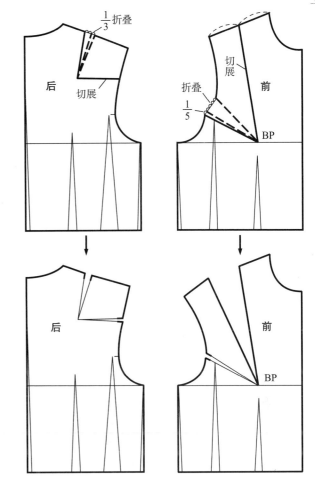

图 3-52

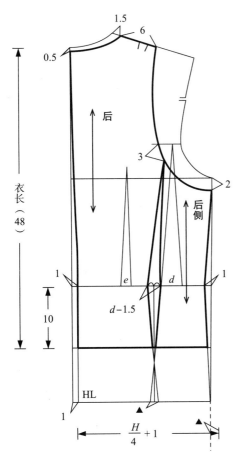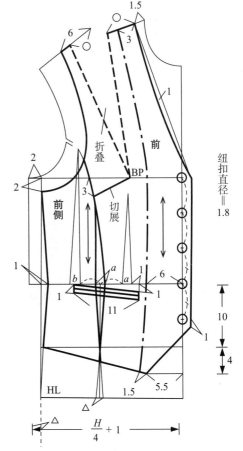

图 3-53

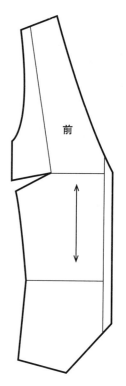

图 3-54

9.3 款式拓展要点分析

图 3-55 与图 3-50 马甲款式有相似之处，两者前衣身分割线结构变化原理相同，都是刀背缝分割线加胸省结构，不同的是分割线与胸省的位置不同。此外，两者在衣长、腰部松量、袖窿位置等局部细节处也有所不同。图 3-55 马甲的结构图可以在图 3-50 马甲的结构图基础上进行变化得到。具体规格尺寸设计见表 3-12。

图 3-55

图 3-56

表 3-12　规格表　　　　　　　　　　　　　　　　单位：cm

号/型	部位	衣长	胸围	臀围
160/84A	净体尺寸	38（背长）	84	90
	成品尺寸	50	90	—

9.4 结构设计变化要点（图 3-57、图 3-58）

①图 3-55 衣身胸围设计放松量与图 3-50 相同为 6cm。

②衣长加长 2cm，前衣长不变，衣摆处造型有所变化。

③袖窿深在图 3-53 袖窿基础上上抬 2cm。

④腰围总量在图 3-53 基础上上减少 2cm。

⑤肩宽尺寸在图 3-53 基础上上减少 1cm。

⑥口袋位置与大小不变。

⑦纽扣减少一粒，位置与大小不变。

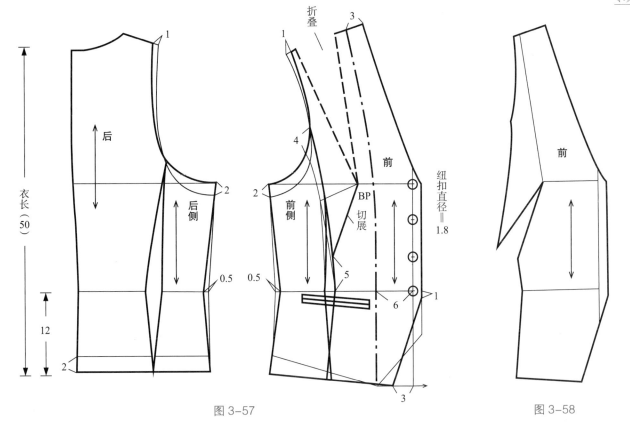

图 3-57

图 3-58

10. 马甲结构设计案例十：罗纹装饰休闲马甲

10.1 款式特点分析

  此款马甲领口和袖窿为罗纹装饰设计，领后部呈简洁的立领形式。一粒扣，口袋位置偏向后衣身，袋盖上装拉链，拉链处衣片有横向分割。衣身呈 H 型（图 3-59、图 3-60）。具体规格尺寸设计见表 3-13。

图 3-59

图 3-60

表 3-13　规格表　　　　　　　　　　　　　　　　单位：cm

号 / 型	部位	衣长	胸围	臀围
160/84A	净体尺寸	38（背长）	84	90
	成品尺寸	70	95	98

10.2 结构制图要点

①以 160/84A 规格的原型为基础制图。

②原型省道分散变化：后衣身肩省量的 1/2 转移到袖窿处作为松量；前衣身胸省量的 1/4 作为袖窿处松量，余量转移到腰省处，绘制如图 3-61 所示。

③衣长（原型颈后点至后衣摆的长度）：前、后衣身原型腰围线水平放置，后衣身在腰围线向下延长 32cm，定衣长为 70cm（图 3-62）。

④胸围：前衣身胸围在分割线处去除 0.5cm。

⑤前、后衣身腋下点下落 1cm。

⑥腰长即臀围线位置：（号/10）+2.5cm。臀围松量可在侧缝和前后衣身分割线处调整。

⑦前、后肩线差可依具体面料进行调节。

⑧领口罗纹绘制如图 3-63 所示。

⑨袖窿罗纹绘制如图 3-64 所示，前、后肩线搭合，调整罗纹边缘为直线。

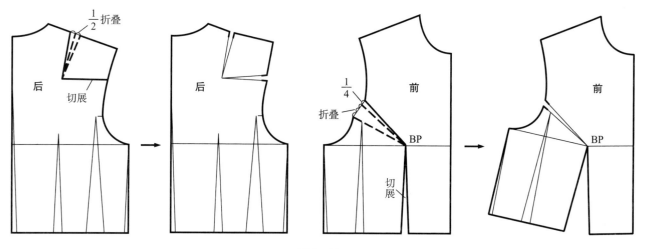

图 3-61

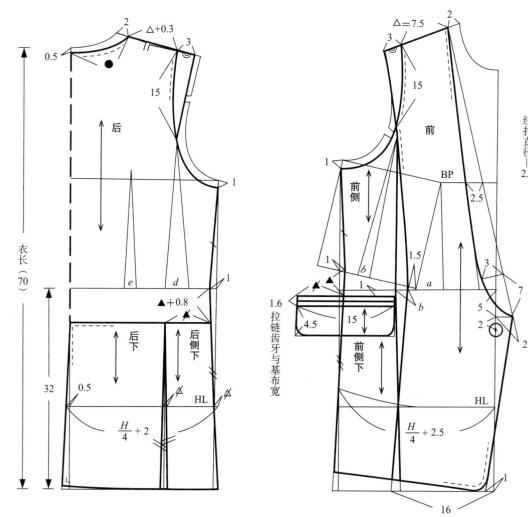

图 3-62

领口罗纹

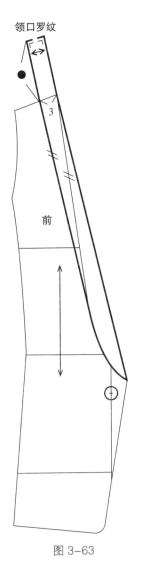

前

3

图 3-63

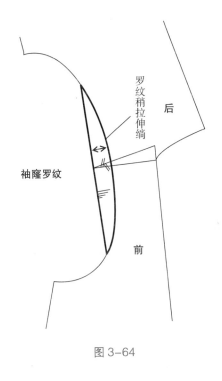

罗纹稍拉伸缩

后

袖窿罗纹

前

图 3-64

11. 马甲类上装延展结构设计分析

　　时尚就是这么让人惊奇，人们对马甲的概念不断演绎出新，随着流行趋势的发展演变，马甲的款式变化愈加丰富。从结构设计的角度出发，马甲类服装的结构制图可以依托以下几类服装款式结构进一步深入变化。

　　由衬衫类服装结构变化而来的马甲款式（图 3-65~ 图 3-67）：

图 3-65

图 3-66

图 3-67

由外套类服装结构变化而来的马甲款式（图 3-68~ 图 3-71）：

图 3-68　　　　　　　图 3-69　　　　　　　图 3-70　　　　　　　图 3-71

由风衣类服装结构变化而来的马甲款式（图 3-72~ 图 3-75）：

图 3-72　　　　　　　图 3-73　　　　　　　图 3-74　　　　　　　图 3-75

由大衣类服装结构变化而来的马甲款式（图 3-76~ 图 3-78）：

图 3-76　　　　　　　　图 3-77　　　　　　　图 3-78

由多类服装款式变化而来衣身部位去除较多的马甲款式（图 3-79~ 图 3-82 ）：

图 3-79　　　　　　　图 3-80　　　　　　　图 3-81　　　　　　　图 3-82

以上各种款式的马甲结构制图都可依据其相应服装款式的结构图做适当变化得到，当然这个变化过程需要有一定的技术经验和审美修养。当你掌握衬衫、外套、风衣、大衣等服装款式制图技巧与方法时，这个变化就会变得灵活自如。

模块 4 衬衫结构设计

1. 衬衫结构设计案例一：牛仔衬衫

1.1 款式特点分析

　　此款牛仔衬衫造型较收身合体，面料轻薄且有一定弹性。领子为典型的衬衫领结构，肩部有育克结构设计。前衣身左右片各有一个带盖胸袋，并以侧缝省和延至衣摆的腰省做收身处理。后衣身以腰省做收身处理。前、后衣摆呈弧形（图 4-1、图 4-2）。具体规格尺寸设计见表 4-1。

图 4-1

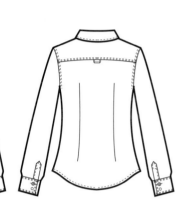

图 4-2

表 4-1　规格表　　　　　　　　　　　　　　　　　　　　　　单位：cm

号 / 型	部位	衣长	胸围	臀围	袖长	袖口宽
160/84A	净体尺寸	38（背长）	84	90	52（臂长）	15（手腕围）
	成品尺寸	58	90	95	57	21

1.2 结构制图要点

（1）衣身制图：

①以 160/84A 规格的原型为基础制图。

②原型省道分散变化：后衣身肩省全部转移到袖窿处，其中 1/2 量在育克分割线中去除，余下 1/2 量作为袖窿松量；前衣身胸省量的 1/4 作为袖窿处松量，余下的量分别转移到侧缝和腰省处，绘制如图 4-3 所示。

③衣长（原型颈后点至后衣摆的长度）：前、后衣身原型腰围线水平放置，后衣身在腰围线向下延长 20cm，定衣长为 58cm，绘制如图 4-4 所示。

④胸围：后衣身胸围线在腰省处去除 0.5cm 的量，侧缝处去除 1cm 的量；前衣身胸围线在侧缝处去除 1.5cm 的量。

⑤腰长即臀围线位置：（号 /10）+2.5cm。

⑥后衣身腰省省量取原型腰省 e+1cm；前衣身腰省省量为原型腰省 a。

⑦前衣身袖窿处省量部分转移到腰省处，在衣摆处拉开 1cm 的量；余下省量转移到侧缝省处；修正腰省与侧缝省省尖，分别距 BP 点 3cm，绘制如图 4-5 所示。

⑧前衣身胸部口袋盖稍大于袋口尺寸，绘制如
　图4-6所示。

（2）领制图：翻领要翻在领座外侧，故翻领下
　口弧线曲度较大于领座上口弧线，绘制如图
　4-7所示。

（3）袖制图：

①确定袖山高：折叠后衣身育克分割线处的省
　道后拷贝后衣身袖窿；折叠前衣身袖窿处的
　省道后拷贝前衣身袖窿，确定袖山高，绘制
　如图4-8所示。

②延长前、后肩线，倾斜30°后画袖中心线。
　衬衫袖的袖山没有缝缩量，制图时袖山尺寸
　要与衣身袖窿尺寸相同，绘制如图4-9、图
　4-10所示。

③对合前、后袖，确认袖山弧线，绘制如图
　4-11所示。

④定袖克夫尺寸，袖口单褶。

⑤袖衩位置定于后袖口二等分处。

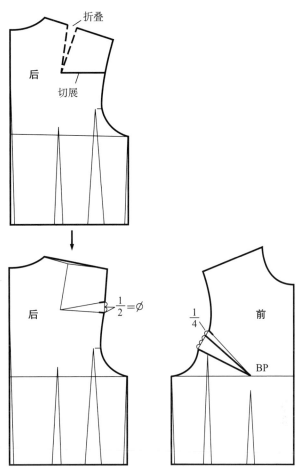

图4-3

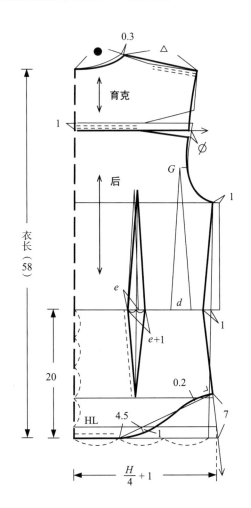

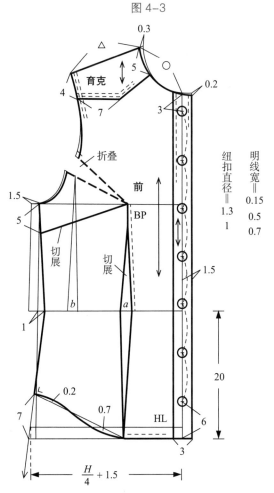

图4-4

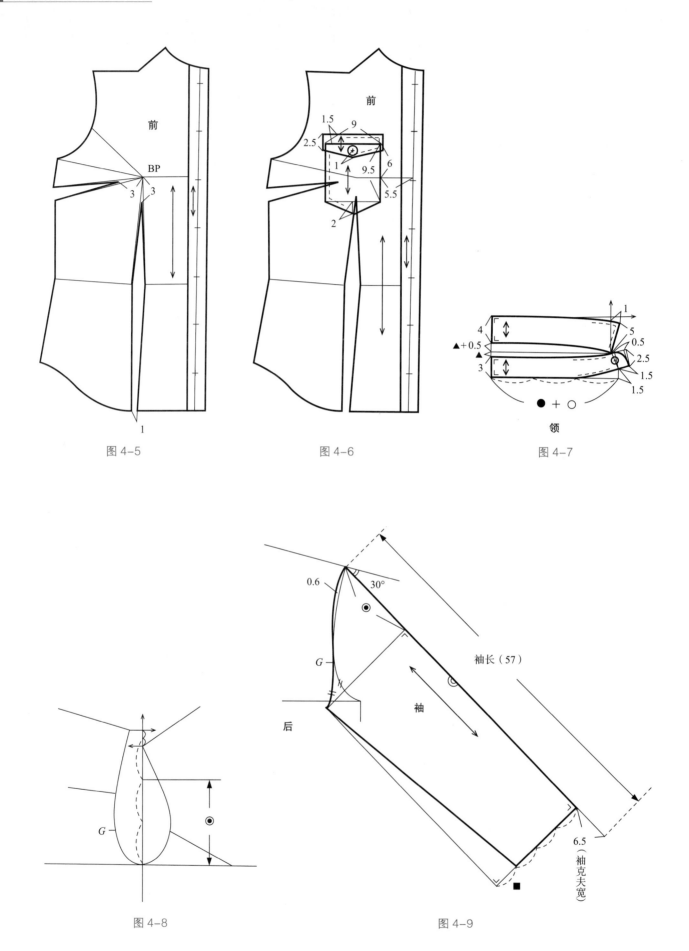

图 4-5

图 4-6

图 4-7

领

图 4-8

图 4-9

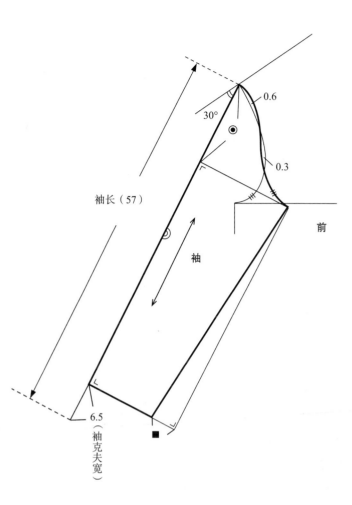

图 4-10

图 4-11

1.3 款式拓展要点分析

图 4-12、图 4-13 与
图 4-1 服装款式基本相
同，只是图 4-12 为短袖款
式。图 4-12 与图 4-1 的衣
身结构制图相同，图 4-12
袖结构制图可以在图 4-1
的袖结构图基础上变化得
到。具体规格尺寸设计见
表 4-2。

图 4-12

图 4-13

表 4-2 规格表   单位：cm

号/型	部位	衣长	胸围	臀围	袖长	袖口宽
160/84A	净体尺寸	38（背长）	84	90	52（臂长）	15（手腕围）
	成品尺寸	58	90	95	19.5	31

1.4 结构设计变化要点

①前、后衣身与领部结构制图与图 4-1 的结构图相同。

②在图 4-1 的袖结构制图基础上，以袖山高横线向下 3cm 为袖长；袖克夫宽取 3.5cm，绘制如图 4-14 所示。

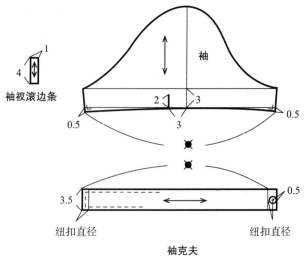

图 4-14

2. 衬衫结构设计案例二：宽松落肩衬衫

2.1 款式特点分析

此款衬衫整体衣身较宽松，肩点下落有过肩结构，前胸部左右各有一贴袋。前、后衣身无省道设计，前、后衣摆呈弧形（图 4-15、图 4-16）。具体规格尺寸设计见表 4-3。

图 4-15

图 4-16

表 4-3　规格表　　　　　　　　　　　　　　　　　　单位：cm

号/型	部位	衣长	胸围	袖长	袖口宽
160/84A	净体尺寸	38（背长）	84	52（臂长）	15（手腕围）
	成品尺寸	66	98	57	22

2.2 结构制图要点

（1）衣身制图：

①以 160/84A 规格的原型为基础制图。

②原型省道分散变化：后衣身肩省全部转移到袖窿处，作为袖窿松量；前衣身胸省不动，作为袖窿处松量，绘制如图 4-17 所示。

③衣长（原型颈后点至后衣摆的长度）：前、后衣身原

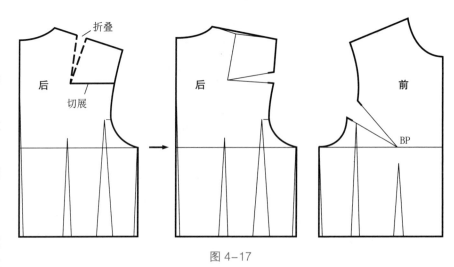

图 4-17

型腰围线水平放置，后衣身在腰围线向下延长 28cm，定衣长为 66cm，绘制如图 4-18 所示。

④胸围：后衣身胸围线在侧缝处加放 1cm 松量。

⑤前、后衣身侧缝长度相同。

⑥拼合肩部育克纸样，绘制如图 4-19 所示。

（2）领制图：如图 4-20 所示。

（3）袖制图：

①确定袖山高：折叠前衣身袖窿处的省道后拷贝前衣身袖窿，确定袖山高，绘制如图 4-21 所示。

②延长前、后肩线，倾斜 20° 后画袖中心线。衬衫袖的袖山没有缝缩量，制图时袖山尺寸要与衣身袖窿尺寸相同，绘制如图 4-22 所示。

③前袖弧线要比后袖弧线凹进约 1~1.5cm，绘制如图 4-23 所示。

④对合前后袖，确认袖山弧线，绘制如图 4-24 所示。

⑤确定袖克夫尺寸、袖衩位置与袖口褶，绘制如图 4-25 所示。

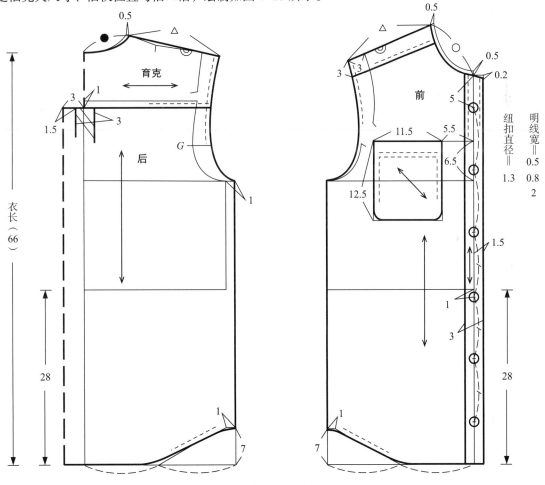

图 4-18

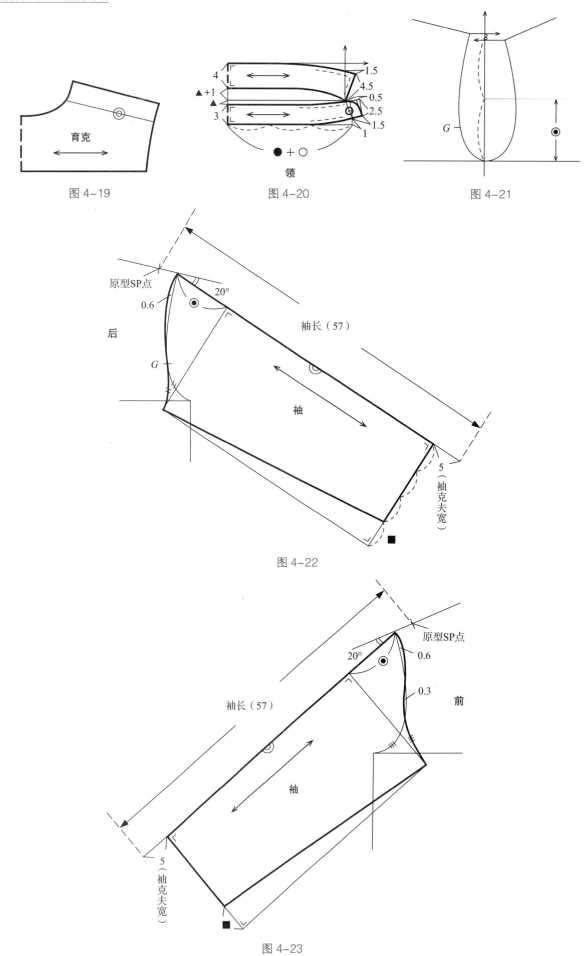

育克

图 4-19

领

图 4-20

图 4-21

原型SP点

后

0.6

20°

G

袖长（57）

袖

5（袖克夫宽）

图 4-22

原型SP点

20°

0.6

0.3

前

袖长（57）

袖

5（袖克夫宽）

图 4-23

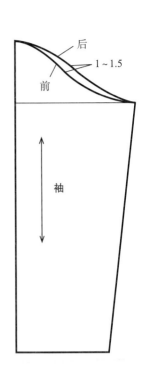

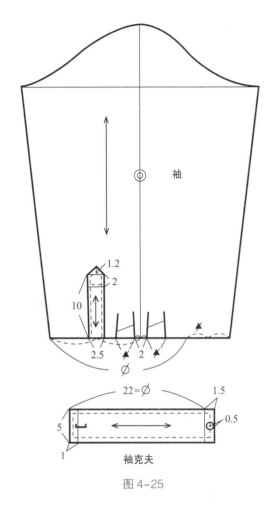

图 4-24

图 4-25

2.3 款式拓展要点分析

图 4-26、图 4-27 与图 4-15 两者衣身廓形基本相同，简单且成直线条，肩部都有育克结构。只是两者衣身长短弧度有所变化。图 4-26 为连身帽设计，后中心无褶裥，其结构制图可以在图 4-15 的结构图基础上进行变化得到。具体规格尺寸设计见表 4-4。

图 4-26

图 4-27

表 4-4　规格表　　　　　　　　单位：cm

号 / 型	部位	衣长	胸围	袖长	袖口宽
160/84A	净体尺寸	38（背长）	84	52（臂长）	15（手腕围）
	成品尺寸	56	98	57	22

2.4 结构设计变化要点（图4-28）

①图4-26衣身胸围放松量与图4-15相同为14cm。

②后衣身在腰围线向下延长18cm，确定衣长为56cm；前衣身在腰围线向下延长13cm。

③颈后点在图4-18的基础上下落0.7cm；颈侧点扩放0.5cm；颈前点下落1.5cm，绘制新的领口线。

④后中心褶去除。

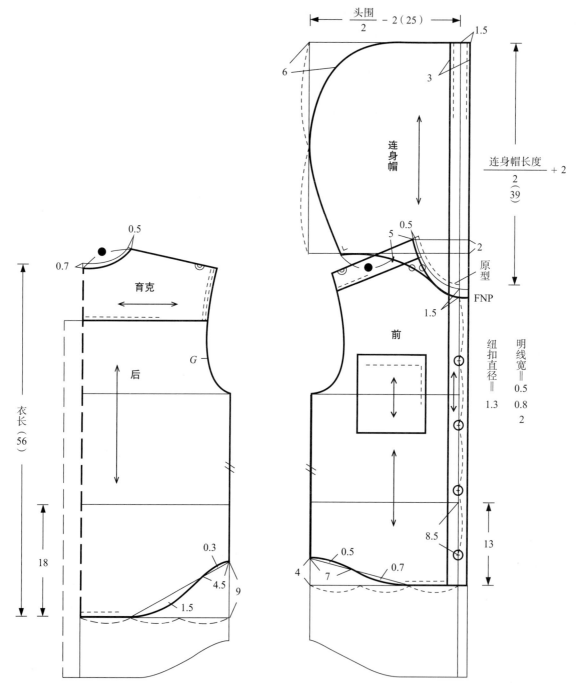

图4-28

3. 衬衫结构设计案例三：坎袖系带休闲衬衫

3.1 款式特点分析

  此款衬衫衣身宽松无省道设计，前衣襟下摆加长，在腰部做系结设计，肩部有过肩育克结构，前胸左右各一双牙挖袋。袖子为与衣身相连的坎袖结构，在袖口处有翻折边设计（图4-29、图4-30）。具体规格尺寸设计见表4-5。

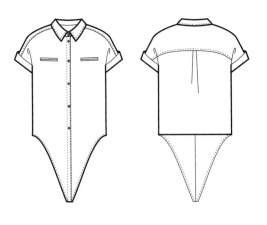

图 4-29   图 4-30

表 4-5 规格表   单位：cm

号/型	部位	衣长	胸围	袖长
160/84A	净体尺寸	38（背长）	84	52（臂长）
	成品尺寸	52	98	15

3.2 结构制图要点

（1）衣身制图：

①以160/84A规格的原型为基础制图。

②原型省道分散变化：后衣身肩省全部转移到袖窿处，作为袖窿松量；前衣身胸省全部作为袖窿处松量，绘制如图4-31所示。

③衣长（原型颈后点至后衣摆的长度）：前、后衣身原型腰围线水平放置，后衣身在腰围线向下延长14cm，定衣长为52cm；前衣身在腰围线向下14cm+23cm，绘制如图4-32所示。

④胸围：后衣身胸围线在侧缝处加放2.5cm；前衣身胸围线在侧缝处去除1.5cm的量；前后胸围实际尺寸有加减1.5cm的调节量。

⑤前肩点向上提0.7cm，可依实际需要调节。

⑥前、后衣身侧缝弧度与长度相同。

⑦拼合肩部育克纸样，绘制如图4-33所示。

（2）领制图：如图4-34所示。

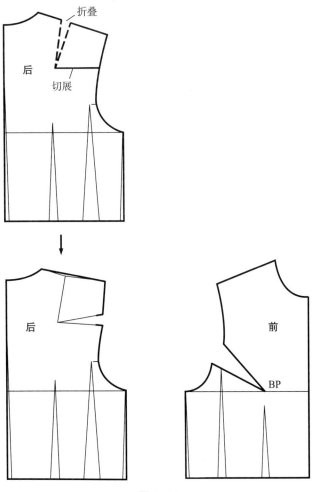

图 4-31

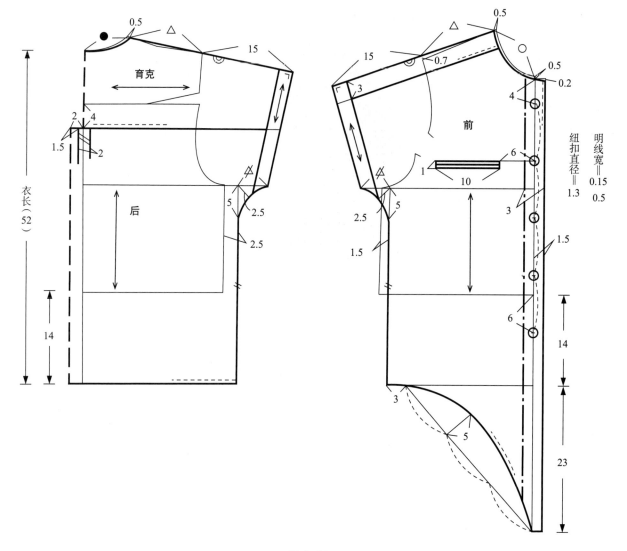

图 4-32

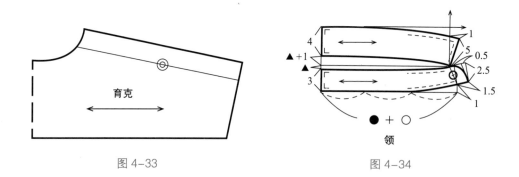

图 4-33   图 4-34

4. 衬衫结构设计案例四：立领竖向装饰褶裥衬衫

4.1 款式特点分析

此款衬衫领部为小立领结构，衣身较长。前衣襟处有竖向装饰褶裥设计，侧缝处收侧缝省。后衣身有过肩育克结构，并在中心处有抽褶装饰。袖子为七分泡泡袖，袖口处开衩并有抽褶设计（图4-35、图4-36）。具体规格尺寸设计见表4-6。

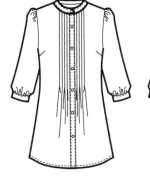

图4-35　　　　　　　　　　图4-36

表4-6　规格表　　　　　　　　　　　　　单位：cm

号/型	部位	衣长	胸围	袖长	袖口宽
160/84A	净体尺寸	38（背长）	84	52（臂长）	15（手腕围）
	成品尺寸	68	90	38	26

4.2 结构制图要点

（1）衣身制图：

①以160/84A规格的原型为基础制图。

②原型省道分散变化：后衣身肩省全部转移到袖窿处，其中省量1/3在育克分割线中去除，余下省量作为袖窿松量；前衣身胸省量1/3作为袖窿处松量，余下省量转移到侧缝处，绘制如图4-37所示。

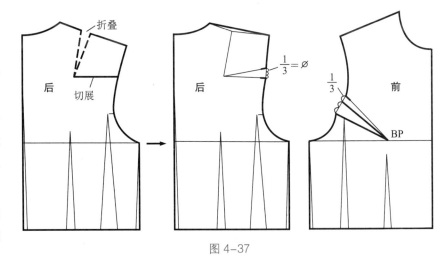

图4-37

③衣长（原型颈后点至后衣摆的长度）：前、后衣身原型腰围线水平放置，后衣身在腰围线向下延长30cm，确定衣长为68cm，绘制如图4-38所示。

④胸围：前、后衣身胸围线分别在侧缝处去除1.5cm的量。

⑤前衣身胸省量转移到侧缝处，调整省尖位置并修顺袖窿弧线；前衣襟四个装饰褶每个间隔1cm，每个拉开2cm的量，绘制如图4-39所示。

（2）领制图：如图4-40所示。

（3）袖制图：

①确定袖山高：折叠后衣身育克分割线处的省道后拷贝后衣身袖窿；折叠前衣身袖窿处的省道后拷贝前衣身袖窿，确定袖山高，绘制如图4-41所示。

②基本袖绘制如图4-42所示。

③沿袖中线剪切并平行拉开6cm的量，同时加入袖山与袖口部位的褶量；袖山处追加1.5cm的袖山饱满量；确定袖克夫尺寸及袖衩位置，绘制如图4-43、图4-44所示。

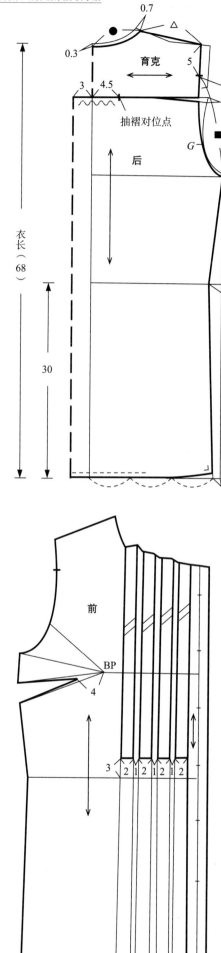

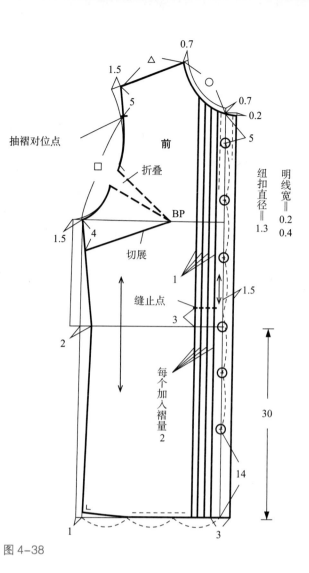

图 4-38

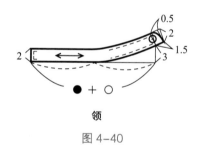

领

图 4-40

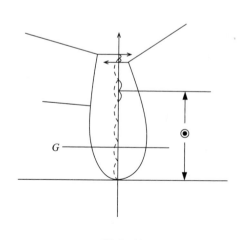

图 4-39

图 4-41

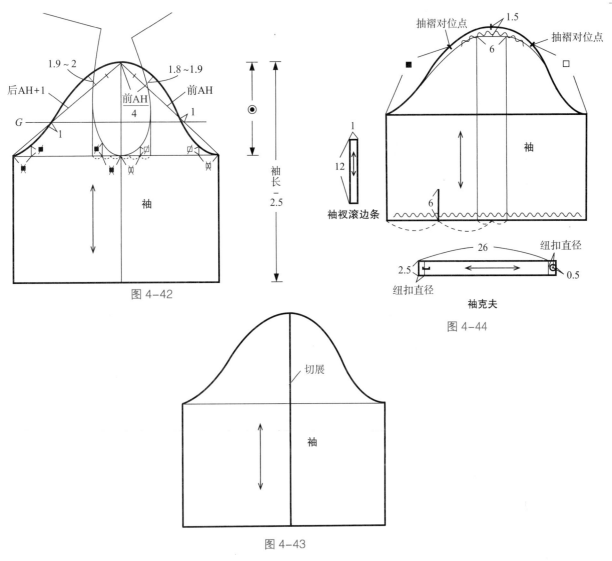

图 4-42

图 4-44

图 4-43

5. 衬衫结构设计案例五：平领横向装饰褶衬衫

5.1 款式特点分析

此款衬衫衣身松量适中，平领，衣身开口设计在后中心上部。半袖结构，袖山及袖口处有抽褶设计。前衣身有横向褶装饰设计，侧缝省隐藏于装饰褶中（图 4-45、图 4-46）。具体规格尺寸设计见表 4-7。

图 4-45

图 4-46

表 4-7 规格表   单位：cm

号 / 型	部位	衣长	胸围	臀围	袖长	袖口宽
160/84A	净体尺寸	38（背长）	84	90	52（臂长）	15（手腕围）
	成品尺寸	63	92	96	26	30

5.2 结构制图要点

（1）衣身制图：

①以 160/84A 规格的原型为基础制图。

②原型省道分散变化：后衣身肩省量的 2/3 转移到袖窿处，作为袖窿松量；前衣身胸省量的 1/3 作为袖窿处松量，余下的量转移到侧缝处，绘制如图 4-47 所示。

③衣长（原型颈后点至后衣摆的长度）：前、后衣身原型腰围线水平放置，后衣身在腰围线向下延长 25cm，定衣长为 63cm，绘制如图 4-48 所示。

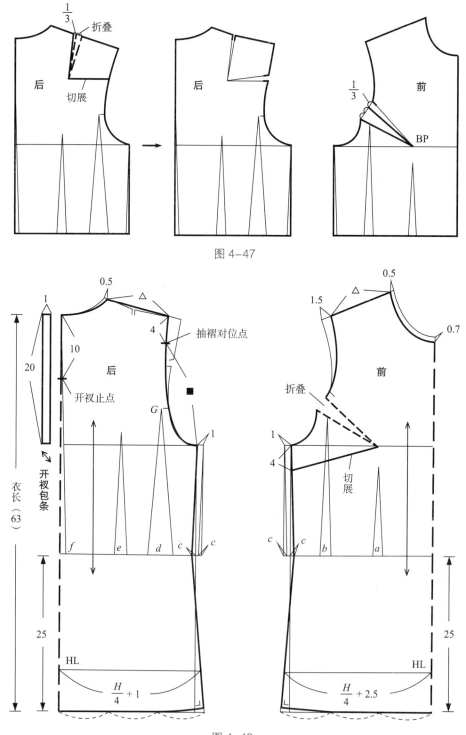

图 4-47

图 4-48

④胸围：前、后衣身胸围线分别在侧缝处去除 1cm 的量。

⑤前衣身袖窿处省量转移到侧缝处，并调整省尖位置；确定四个横向装饰褶位置，绘制如图 4-49 所示。

⑥前衣襟装饰褶分别拉展所需量，绘制如图 4-50 所示。

（2）领制图：如图 4-51 所示。

（3）袖制图：

①确定袖山高，绘制如图 4-52 所示。

②基本袖绘制如图 4-53 所示。

③沿袖中线剪切并平行拉开 3cm 的量，同时加入袖山与袖口部位的褶量；袖山处追加 1.5cm 的袖山饱满量，绘制如图 4-54 所示。

④确定袖口抽褶对位点及袖衩位置。

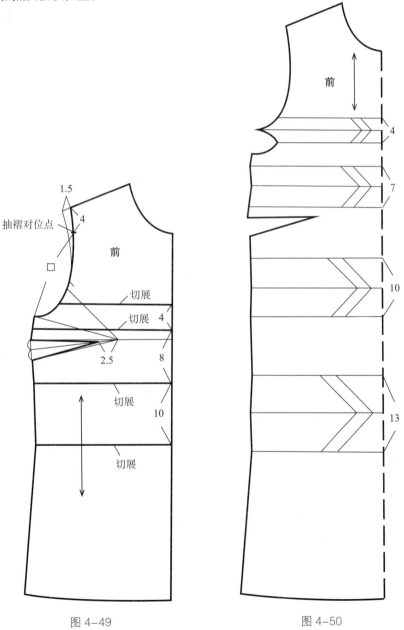

图 4-49　　　　　　　　　　图 4-50

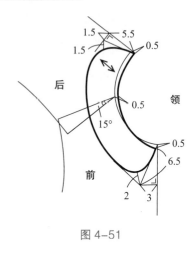

图 4-51

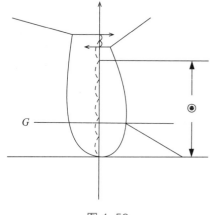

图 4-52

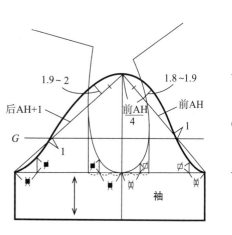

图 4-53

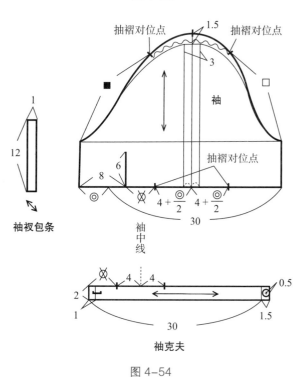

图 4-54

6. 衬衫结构设计案例六：前中心抽褶衬衫

6.1 款式特点分析

此款衬衫特点为前衣身中心处有抽褶设计，其既有一定的装饰效果又有一定的胸部造型功能。后衣身有腰省做收身处理。领、袖部分为典型的衬衫结构（图 4-55、图 4-56）。具体规格尺寸设计见表 6-8。

图 4-55

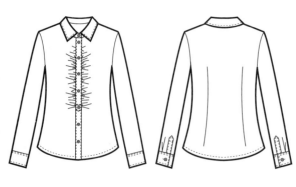

图 4-56

表 4-8　规格表　　　　　　　　　　　　　　　　　　　　　单位：cm

号/型	部位	衣长	胸围	臀围	袖长	袖口宽
160/84A	净体尺寸	38（背长）	84	90	52（臂长）	15（手腕围）
	成品尺寸	58	92	95	57	21

6.2 结构制图要点

（1）衣身制图：

①以 160/84A 规格的原型为基础制图。

②原型省道分散变化：后衣身肩省量的 1/2 转移到袖窿处，作为袖窿松量；前衣身胸省量的 1/4 作为袖窿处松量，余下的量转移到前中心处，绘制如图 4-57 所示。

③衣长（原型颈后点至后衣摆的长度）：前、后衣身原型腰围线水平放置，后衣身在腰围线向下延长 20cm，定衣长为 58cm，绘制如图 4-58 所示。

④胸围：后衣身胸围线在腰省处去除 0.5cm，侧缝处去除 0.5cm；前衣身侧缝处去除 1cm 的量。

⑤腰长即臀围线位置：（号 /10）+2.5cm。

⑥前衣身袖窿处省量转移到前中心处；沿切线剪开，在前中心处拉开 8cm 的量，作为抽褶补足量，绘制如图 4-59、图 4-60 所示。

（2）领制图：如图 4-61 所示。

（3）袖制图：

①确定袖山高：折叠前衣身袖窿处的省道；拷贝前、后衣身袖窿弧线，确定袖山高，绘制如图 4-62 所示。

②延长前、后肩线，倾斜 30° 后画袖中心线，衬衫袖的袖山没有缝缩量，制图时袖山尺寸要与衣身袖窿尺寸相同，绘制如图 4-63、图 4-64 所示。

③对合前后袖，确认袖山弧线，绘制如图 4-65 所示。

④定袖克夫尺寸，袖口设褶。

⑤袖衩位置定于后袖口二等分处。

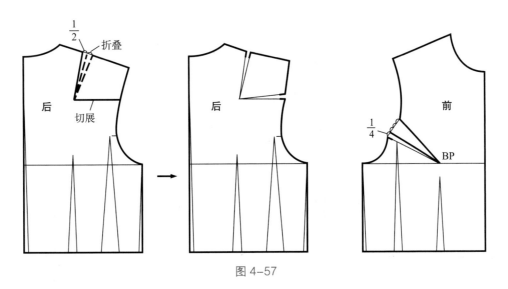

图 4-57

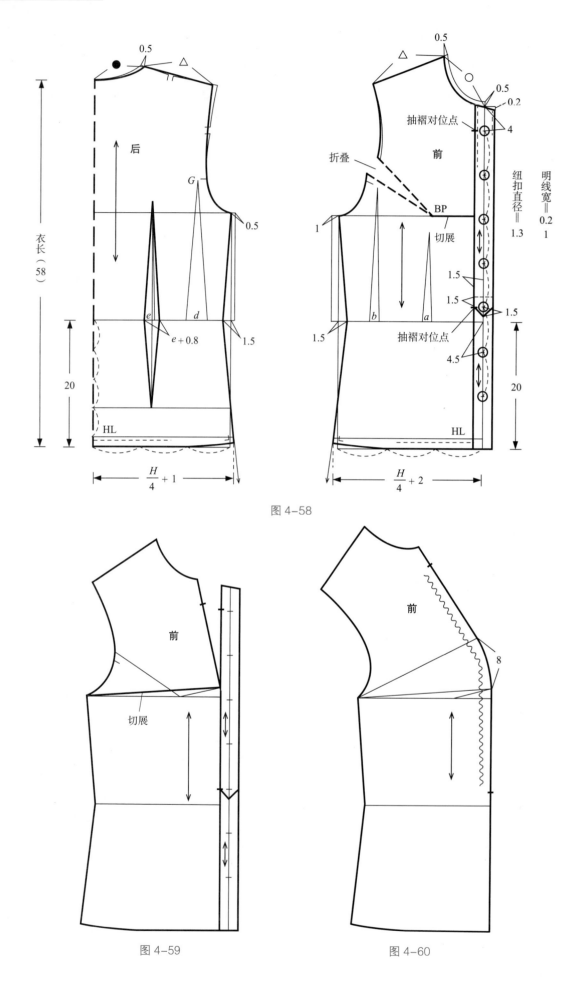

图 4-58

图 4-59   图 4-60

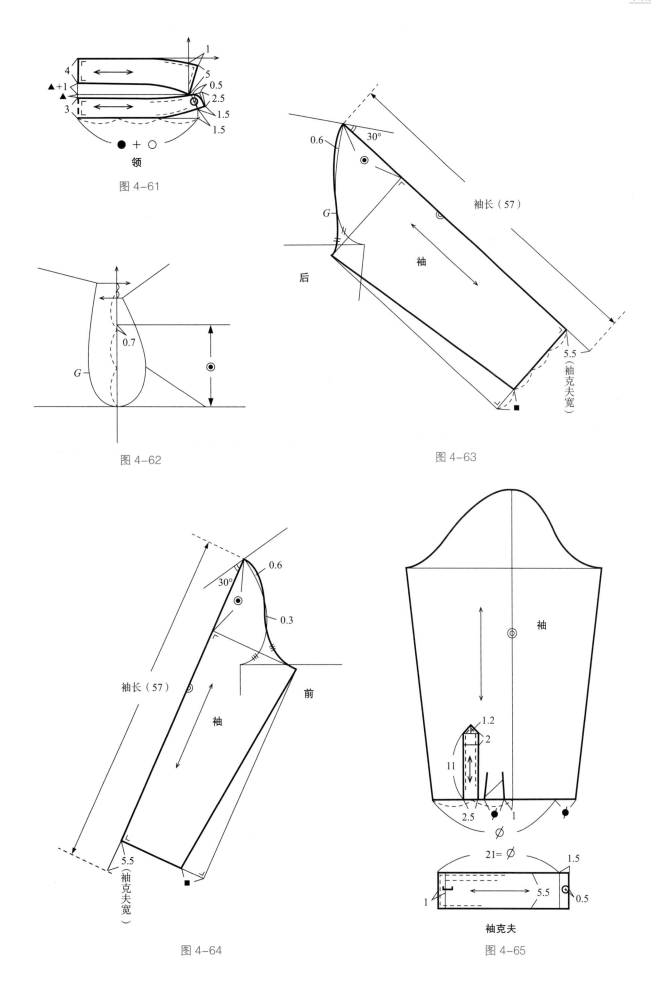

图 4-61

图 4-62

图 4-63

图 4-64

图 4-65

7.衬衫结构设计案例七：分割线加褶短袖衬衫

7.1 款式特点分析

此款衬衫款式特点为前衣身分割线距胸高点较远，结合了抽褶装饰设计。短袖，袖山与袖口处以抽褶装饰，并有小袖衩设计。后衣身分割线与前衣身呼应，衣身整体较合体（图4-66、图4-67）。具体规格尺寸设计见表4-9。

  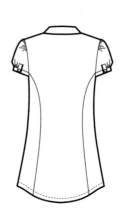

图4-66　　　　　　　　　　　　图4-67

表4-9　规格表　　　　　　　　　　　　　　　　　　　单位：cm

号/型	部位	衣长	胸围	臀围	袖长	袖口宽
160/84A	净体尺寸	38（背长）	84	90	52（臂长）	15（手腕围）
	成品尺寸	71	90	95	13.5	32

7.2 结构制图要点：

（1）衣身制图：

①以160/84A规格的原型为基础制图。

②原型省道分散变化：后衣身肩省量的1/2转移到袖窿处，作为袖窿松量；前衣身胸省量的1/4作为袖窿处松量，余下的量转移到肩省处，绘制如图4-68所示。

③衣长（原型颈后点至后衣摆的长度）：前、后衣身原型腰围线水平放置，后衣身在腰围线向下延长33cm，确定衣长为71cm，绘制如图4-69所示。

④胸围：前、后衣身胸围线分别在侧缝处去除1cm的量；前、后衣身胸围线在分割线处共去除1cm的量。

⑤腰长即臀围线位置：（号/10）+2.5cm。

⑥前衣身肩省量转移到切展处，绘制如图4-70所示；如图折叠并切展，使前中心线成直线状态，追加抽褶量，绘制如图4-71所示。

（2）领制图：如图4-72所示。

（3）袖制图：

①确定袖山高，绘制如图4-73所示。

②基本袖绘制如图4-74所示。

③沿袖中线剪切并平行拉开4cm的量，同时加入袖山与袖口部位的褶量；袖山处追加1.5cm的袖山饱满量，绘制如图4-75所示。

④确定袖口抽褶对位点及袖衩位置。

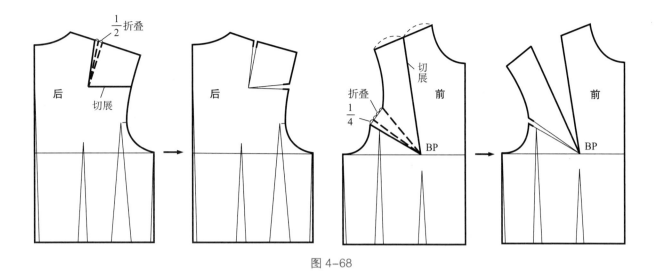

图 4-68

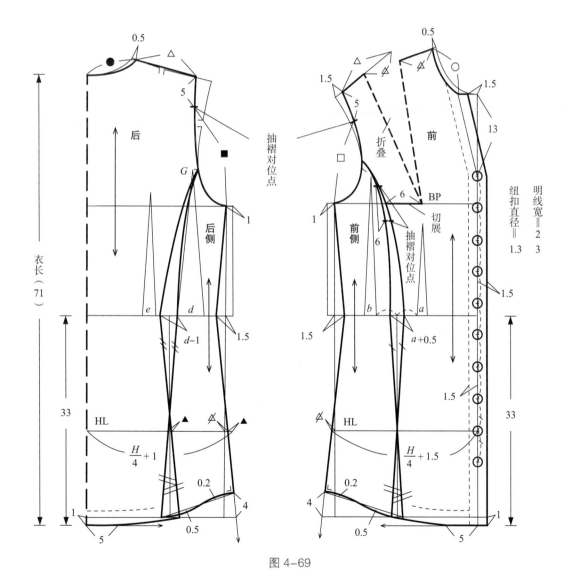

图 4-69

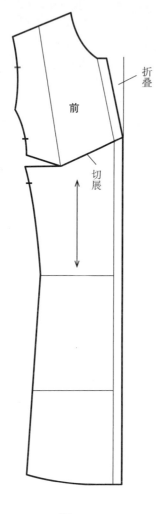

图 4-70

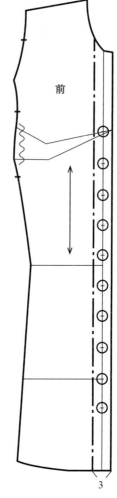

图 4-71

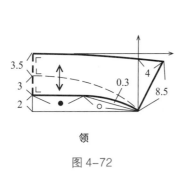

领

图 4-72

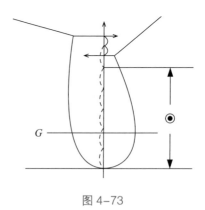

图 4-73

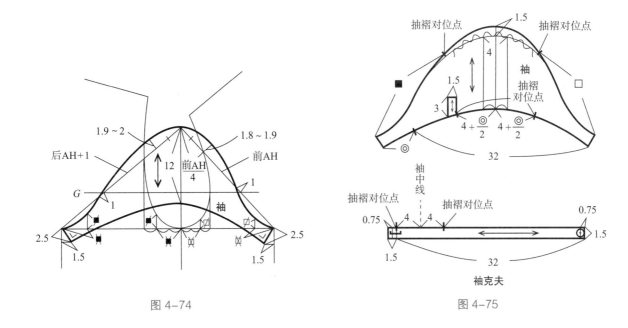

图 4-74

图 4-75

8. 衬衫结构设计案例八：半开襟衬衫

8.1 款式特点分析

此款衬衫特点为前衣身为半开襟结构，半开襟下端有碎褶装饰，前胸部有 U 型分割线设计，整体衣身较合体。后衣身肩部有育克结构，后中心处加碎褶装饰。衬衫领，领面与领座贴合较紧密。袖口处袖衩开口较大，有一定装饰效果（图 4-76、图 4-77）。具体规格尺寸设计见表 4-10。

图 4-76

图 4-77

表 4-10　规格表　　　　　　　　　　　　　　　　　　单位：cm

号/型	部位	衣长	胸围	袖长	袖口宽
160/84A	净体尺寸	38（背长）	84	52（臂长）	15（手腕围）
	成品尺寸	68	90	57	21

8.2 结构制图要点

（1）衣身制图：

①以 160/84A 规格的原型为基础制图。

②原型省道分散变化：后衣身肩省全部转移到袖窿处，其中 1/3 的量在育克分割线中去除，2/3 的量作为袖窿松量；前衣身胸省的 1/3 作为袖窿处松量，余下的量转移到肩省处，绘制如图 4-78 所示。

③衣长（原型颈后点至后衣摆的长度）：前、后衣身原型腰围线水平放置，后衣身在腰围线向下延长 30cm，定衣长为 68cm。

④胸围：前、后衣身胸围线在侧缝处分别去除 1.5cm 的量，绘制如图 4-79 所示。

⑤前衣身 BP 点水平向侧缝方向取 1.5cm，再向下作垂线，为前衣身分割线的辅助参考线。

（2）领制图：如图 4-80 所示。

（3）袖制图：

①确定袖山高：折叠后衣身袖窿处的省道；拷贝前后衣身袖窿弧线，确定袖山高，绘制如图 4-81 所示。

②延长前、后肩线，倾斜 30° 后画袖中心线，衬衫袖的袖山没有缝缩量，制图时袖山尺寸要与衣身袖窿尺寸相同，绘制如图 4-82、图 4-83 所示。

③对合前、后袖，确认袖山弧线，绘制如图 4-84 所示。

④定袖克夫尺寸，袖口设褶。

⑤袖衩位置定于后袖口二等分处。

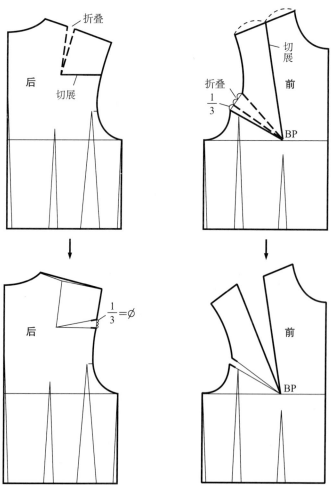

图 4-78

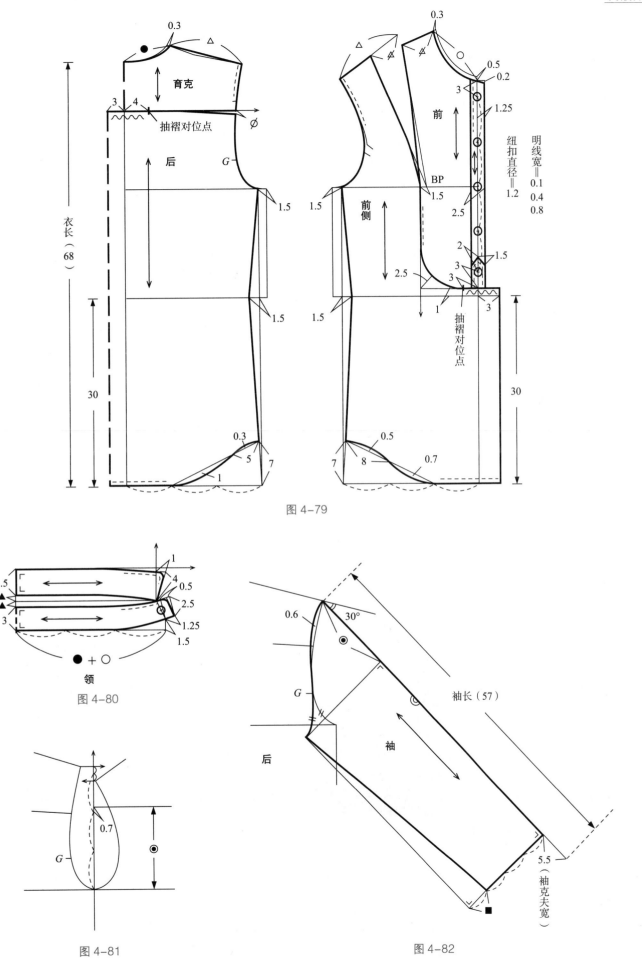

图 4-79

图 4-80

图 4-81

图 4-82

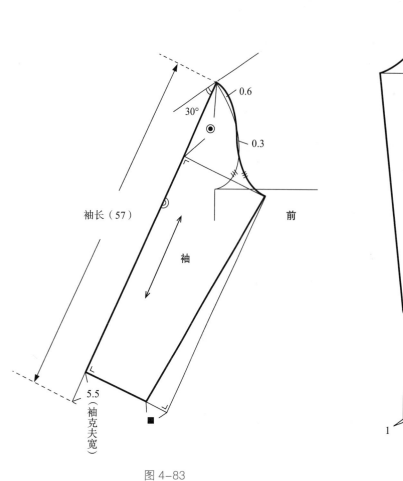

图 4-83

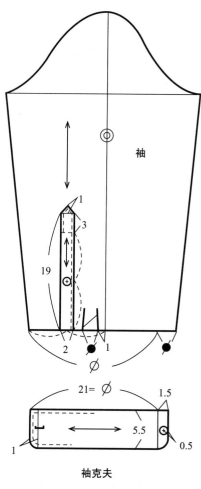

袖克夫

图 4-84

9. 衬衫结构设计案例九：系带领八分袖衬衫

9.1 款式特点分析

　　此款衬衫领部为系带蝴蝶结结构，衣身整体较宽松。前、后肩部有过肩设计，并结合抽褶装饰。袖子为八分袖，袖山处有折叠褶裥装饰，衬衫式袖口，袖口处松量也以抽褶形式处理（图4-85、图4-86）。具体规格尺寸设计见表4-11。

图 4-85

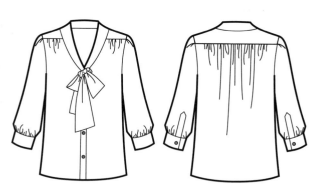

图 4-86

表 4-11　规格表

单位：cm

号 / 型	部位	衣长	胸围	袖长	袖口宽
160/84A	净体尺寸	38（背长）	84	52（臂长）	15（手腕围）
	成品尺寸	60	92	42	25

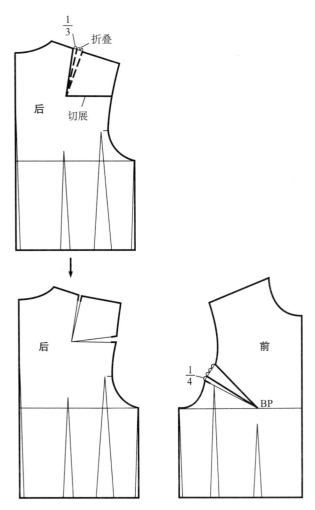

图 4-87

9.2 结构制图要点

（1）衣身制图：

① 以 160/84A 规格的原型为基础制图。

② 原型省道分散变化：后衣身肩省量的 2/3 转移到袖窿处，作为袖窿松量；前衣身胸省量的 1/4 作为袖窿处松量，余下的量转移到肩部育克分割线处，绘制如图 4-87 所示。

③ 衣长（原型颈后点至后衣摆的长度）：前、后衣身原型腰围线水平放置，后衣身在腰围线向下延长 22cm，确定衣长为 60cm，绘制如图 4-88 所示。

④ 胸围：前、后衣身胸围线分别在侧缝处去除 1cm 的量。

⑤ 前衣身胸省量转移到肩部育克分割线处；修正袖窿弧线与轮廓线，绘制如图 4-89 所示。

⑥ 拼合肩部育克纸样，绘制如图 4-90 所示。

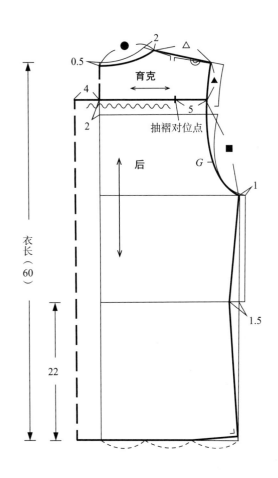
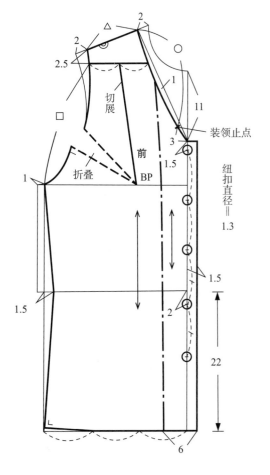

图 4-88

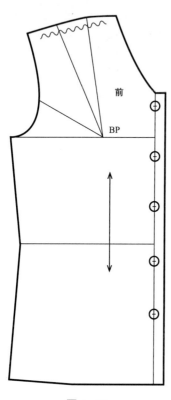

图 4-89

（2）领制图：如图 4-91 所示。

（3）袖制图：

①确定袖山高：拼合前衣身后拷贝前衣身袖窿，确定袖山高，绘制如图 4-92 所示。

②基本袖绘制如图 4-93 所示。

③沿切展线剪开，在袖山处拉开所需量；计算出袖山处褶裥量，绘制如图 4-94、图 4-95 所示。

④确定袖克夫尺寸及袖衩位置如图 4-96 所示。

育克

图 4-90

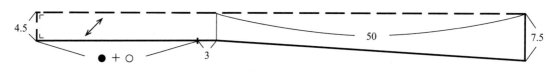

领

图 4-91

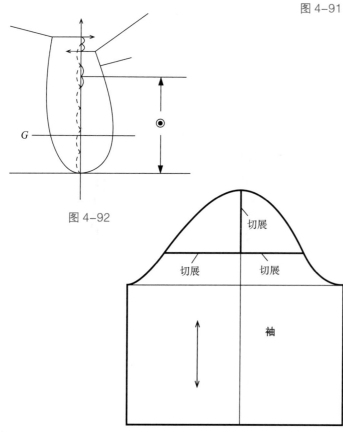

图 4-92

图 4-94

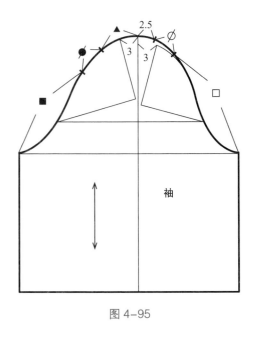

图 4-95

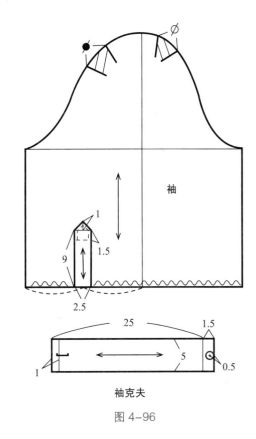

袖克夫

图 4-96

10. 衬衫结构设计案例十：立领休闲衬衫

10.1 款式特点分析

此款衬衫衫身宽松适度，领部为简单的小立领结构。前、后衣身肩部有育克设计，前衣身两道纵向分割线并缉双明线装饰。袖子结构较有特色（图 4-97、图 4-98）。具体规格尺寸设计见表 4-12。

图 4-97

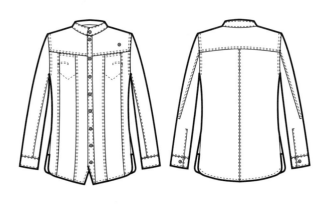

图 4-98

表 4-12　规格表　　　　　　　　　　　　　　　　　　单位：cm

号/型	部位	衣长	胸围	臀围	袖长
160/84A	净体尺寸	38（背长）	84	90	52（臂长）
	成品尺寸	65	94	96	57

10.2 结构制图要点

（1）衣身制图：

①以 160/84A 规格的原型为基础制图。

②原型省道分散变化：后衣身肩省全部转移到袖窿处，其中 1/3 的量在育克分割线中去除，2/3 的量作为袖窿松量；前衣身胸省 1/2 的量作为袖窿处松量，1/2 的量转移到腰省处，绘制如图 4-99 所示。

③衣长（原型颈后点至后衣摆的长度）：前、后衣身在腰围线向下延长 27cm，定衣长为 65cm，绘制如图 4-100 所示。

④胸围：前衣身胸围线在侧缝处去除 1cm 松量。

⑤前后衣身侧缝长度相同。

⑥前衣身结构绘制如图 4-101 所示。

⑦口袋装饰明线局部绘制如图 4-102 所示。

（2）领制图：如图 4-103 所示。

（3）袖制图：

①确定袖山高：折叠后衣身袖窿处的省道后拷贝前、后衣身袖窿，确定袖山高，绘制如图 4-104 所示。

②绘制基础袖，此款衬衫袖的袖山没有缝缩量，制图时袖山尺寸要与衣身袖窿尺寸相同，绘制如图 4-105 所示。

③在基础袖的基础上，绘制有袖肘省的一片弯身袖，绘制如图 4-106 所示。

④折叠袖肘省，其中 1/2 的量转移到袖山弧线处；1/2 的量转移到袖口处，且以半省的形式开袖衩，绘制如图 4-107、图 4-108 所示。

⑤依袖子款式造型，改变袖缝位置，绘制如图 4-109、图 4-110 所示。

⑥确定袖克夫尺寸。

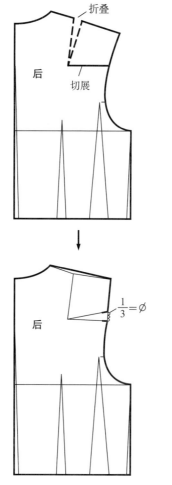
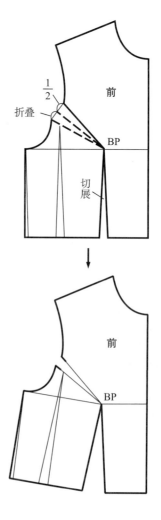

图 4-99

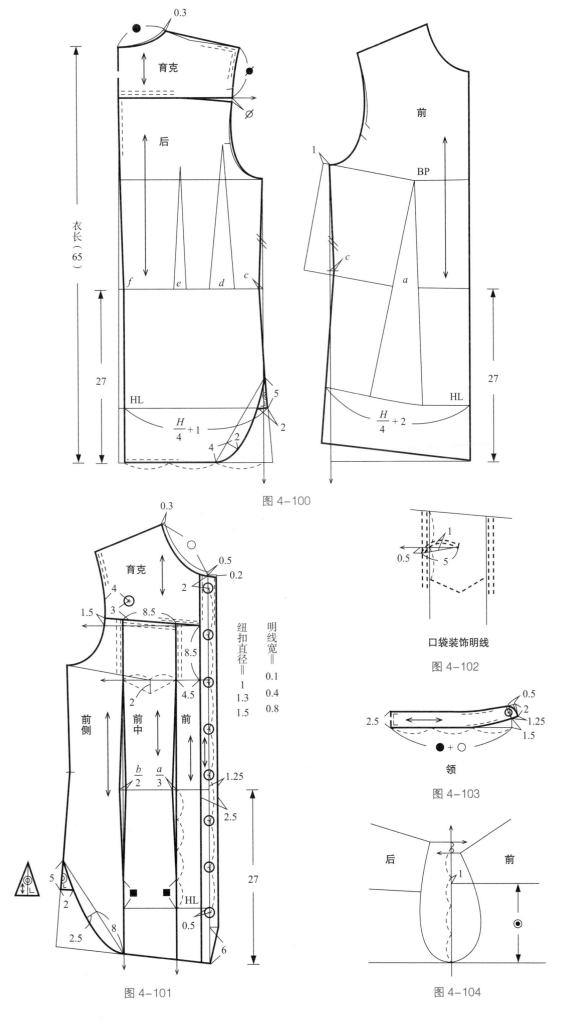

图 4-100

口袋装饰明线

图 4-102

领

图 4-103

图 4-101

图 4-104

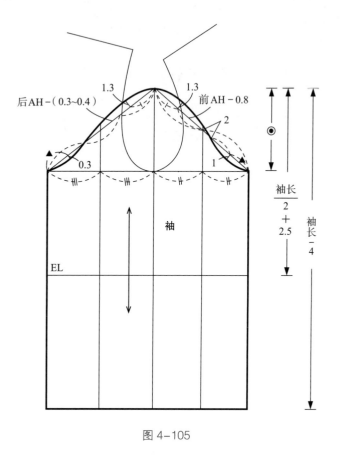

图 4-105

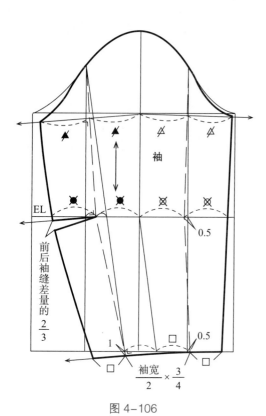

图 4-106

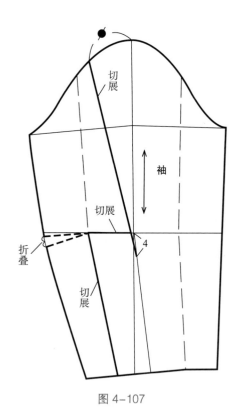

图 4-107

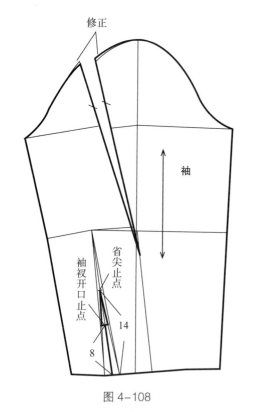

图 4-108

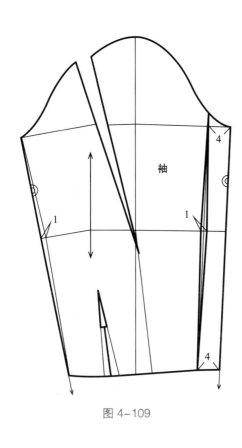

图 4-109

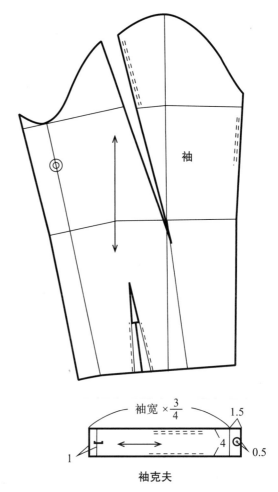

图 4-110

10.3 款式拓展要点分析

图 4-111、图 4-112 款式可以说是图 4-97 款式的加长版，两者基本结构相同，但局部细节处理有所变化。图 4-111 的结构制图可以在图 4-97 的结构图基础上进行变化得到。具体规格尺寸设计见表 4-13。

图 4-111

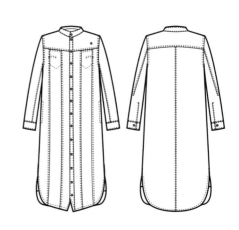

图 4-112

表 4-13 规格表 单位：cm

号/型	部位	衣长	胸围	袖长	袖口宽
160/84A	净体尺寸	38（背长）	84	52（臂长）	15（手腕围）
	成品尺寸	98	94	57	22

10.4 结构设计变化要点（图 4-113）

①图 4-111 衣身胸围设计放松量与图 4-97 相同为 10cm。

②衣长加长为腰围线下延长 60cm。

③前、后衣身侧缝在腰围处的省量去除，并以腰围线与腋下点向下垂线交点外扩 1cm 点为基点确定新的侧缝线。

④后衣身育克分割线水平下落 1cm，以调节整体比例；后中心线在腰围处的省量去除。

⑤前衣身育克割线水平下落 0.5cm，以调节整体比例；前衣身分割线在腰围处的省量去除。

⑥领、袖结构制图与图 4-97 的领、袖结构图相同。

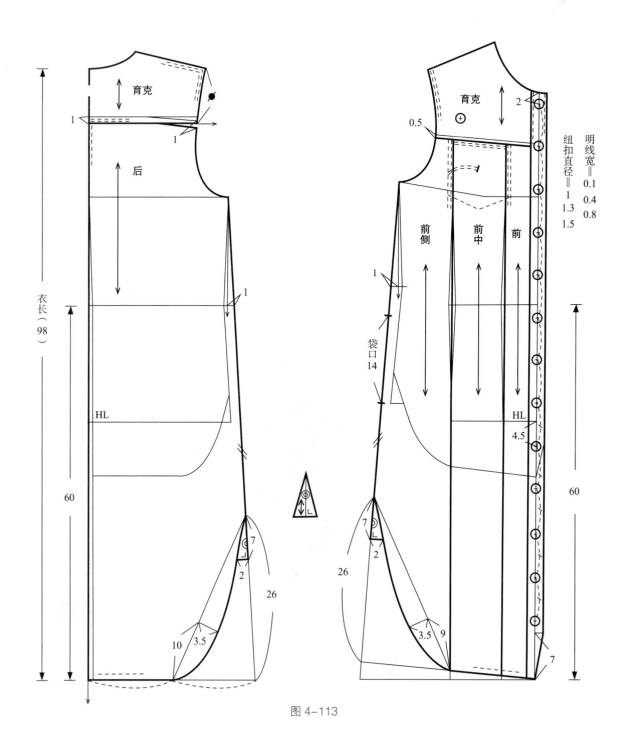

图 4-113

11. 衬衫类上装延展结构设计分析

从衬衫类服装结构设计的角度出发，基于现有款式结构基础，按下面几种方法进行变化，可以得到更多的时尚新颖款式。

减法类变化，如图4-114~图4-123所示。

图4-114　　　　　　　图4-115　　　　　　　图4-116

图4-117　　　　　　　图4-118　　　　　　　图4-119

图4-120　　　　图4-121　　　　图4-122　　　　图4-123

加法类变化，如图 4-124~ 图 4-130 所示。

图 4-124   图 4-125   图 4-126

图 4-127   图 4-128   图 4-129   图 4-130

拼接类变化，如图 4-131~ 图 4-136 所示。

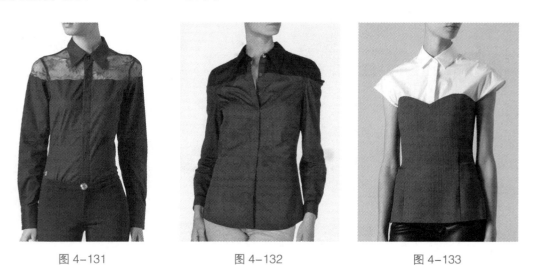

图 4-131   图 4-132   图 4-133

图 4-134   图 4-135   图 4-136

连衣裙、风衣类变化，如图 4-137~ 图 4-140 所示。

图 4-137   图 4-138

图 4-139   图 4-140

模块 5　外套结构设计

1. 外套结构设计案例一：无领上装

1.1 款式特点分析

　　此款上装无领，但衣身领线造型讲究，前衣身纵向分割线距胸高点较远，加了一个领口省做胸部造型处理。后衣身领口处收领口省，后中部及肋部做纵向分割收腰处理，腰部有横向分割设计。袖子为合体两片袖结构，垫肩厚度 0.5~0.8cm（图 5-1、图 5-2）。具体规格尺寸设计见表 5-1。

图 5-1　　　　　　　　　　　　　　　　　　图 5-2

表 5-1　规格表　　　　　　　　　　　　　单位：cm

号 / 型	部位	衣长	胸围	臀围	袖长
160/84A	净体尺寸	38（背长）	84	90	52（臂长）
	成品尺寸	54	94	—	58

1.2 结构制图要点

（1）衣身制图：

①以 160/84A 规格的原型为基础制图。

②原型省道分散变化：后衣身肩省量的 1/3 转移到袖窿处，作为袖窿松量，2/3 的量转移为领口省；前衣身胸省量的 1/4 作为袖窿处松量，领口处拉开 0.5cm 的量，余量转移为肩省，绘制如图 5-3 所示。

③衣长（原型颈后点至后衣摆的长度）：前、后衣身原型腰围线水平放置，后衣身在腰围线向下延长 16cm，确定衣长为 54cm，绘制如图 5-4 所示。

④胸围：后衣身在胸围线侧缝处加放 1cm，前后身胸围线上去除总量为 2cm。

⑤前、后衣身腰围线上抬 2cm。

⑥腰长即臀围线位置：（号 /10）+2.5cm。

⑦前肩线比后肩线少 0.5cm 的缩缝量，可依具体面料调整。

⑧前、后衣身领口贴边和后衣身腰围线以下部分需要纸样拼合，修正成完整一片。

（2）袖制图：

①两片合体袖结构，拷贝前后袖窿的形状，确定袖山高，绘制如图 5-5 所示。

②袖山点向后衣身偏 1cm，出于手臂方向性考虑，绘制如图 5-6 所示。

③过袖山点，以后 AH 加 0.5~1cm、前 AH 尺寸作辅助直线定袖宽，画袖山弧线；袖山弧线与衣身袖窿弧线差可依具体面料调整。

④小袖袖底弧度既要与大袖弧度顺接，又要保证腋下一段与衣身袖窿吻合。

⑤袖口尺寸为（袖宽 /2）×3/4。

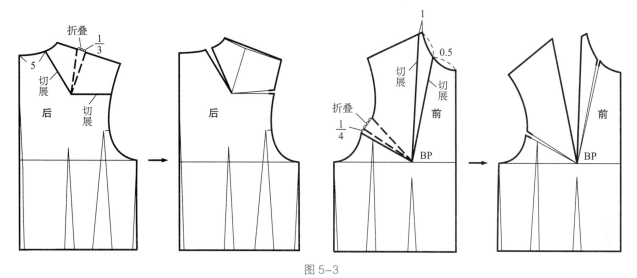

图 5-3

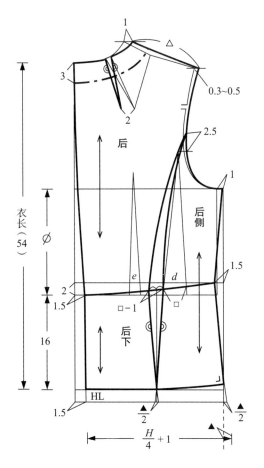
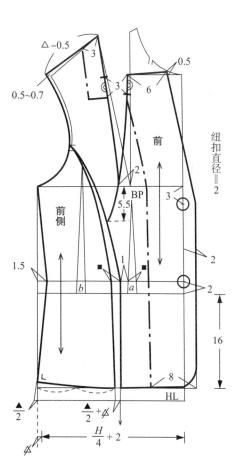

图 5-4

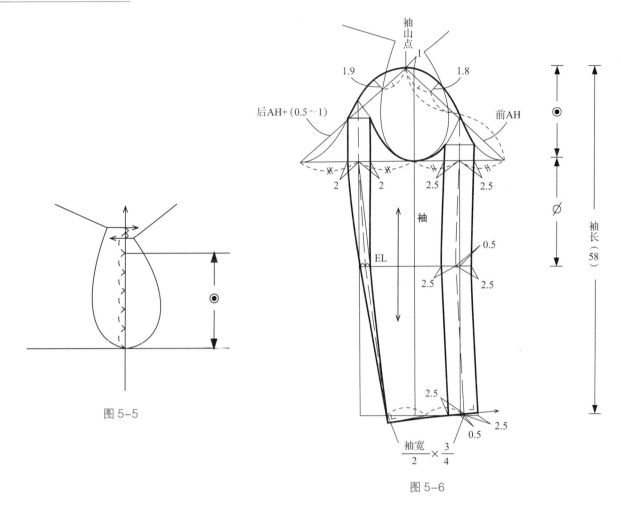

图 5-5

图 5-6

2. 外套结构设计案例二：一粒扣戗驳头西服

2.1 款式特点分析

此款上装为戗驳头西服，前衣身以折线分割形式收身塑形，折线拐点稍高于 BP 点。一粒扣，单袋牙。后衣身中心线破缝收腰，同时两条斜向分割线做收身处理。袖子为合体两片袖结构，袖口四粒装饰扣，垫肩厚度 0.5~0.8cm（图 5-7、图 5-8）。具体规格尺寸设计见表 5-2。

图 5-7

图 5-8

表 5-2　规格表　　　　　　　　　　　　　　　　单位：cm

号 / 型	部位	衣长	胸围	臀围	袖长
160/84A	净体尺寸	38（背长）	84	90	52（臂长）
	成品尺寸	52	93	—	57

2.2 结构制图要点

（1）衣身制图：

①以 160/84A 规格的原型为基础制图。

②原型省道分散变化：后衣身肩省量的 2/3 转移到袖窿处，作为袖窿松量；前衣身胸省量的 1/3 作为袖窿处松量，领口处拉开 1cm 的量，余量转移为腰省，绘制如图 5-9 所示。

③衣长（原型颈后点至后衣摆的长度）：前、后衣身原型腰围线水平放置，后衣身在腰围线向下延长 14cm，定衣长为 52cm，绘制如图 5-10 所示。

④胸围：后衣身在胸围线侧缝处加放 1cm，胸围线上去除总量为 1.5cm；前衣身胸围去除 1cm。

⑤前、后衣身腰围线上抬 2cm。

⑥腰长即臀围线位置：（号 /10）+2.5cm。

⑦ A' 点与翻折止点连线，画出翻折线。A' 点位置绘制如图 5-11 所示。

⑧袋口前端位置：a 省与上抬腰围线前端交点向下引垂线，并量取 3cm，作水平线，前端出 1cm 为袋口前端点，袋口后端起翘量 1cm。

⑨前肩线比后肩线少 0.5cm 的缩缝量，可依具体面料调整。

⑩前胸省所剩省量转移至腰省处分割线中，并依款式调整分割线位置，绘制如图 5-12 所示。

（2）领制图：

①分析服装款式画出衣领造型线：设计翻领尺寸 3.5cm，领座尺寸 2.5cm，翻领、领座尺寸与肩部衣领造型线关系绘制如图 5-11 所示。A–SNP–B 可视为衣领在颈侧点 SNP 处的截面。A–SNP= 领座，AB= 翻领，角 α 大于 90°，衣领向脖颈贴合。$A'B=AB$= 翻领。

②以翻折线为基线，反射画出衣领造型线；过 SNP 点作翻折线平行线，画出衣身领口线，绘制如图 5-12 所示。

③延长翻折线，以领座尺寸为间距作翻折线的平行线，交肩线于 C 点，并在其上量取后领窝尺寸，再作翻折线垂线，在垂线上量取领座尺寸、翻领尺寸，与反射画出的衣领造型线顺接，绘制如图 5-12 所示。

④前、后肩线合并对齐，在后中心处作出领座、翻领尺寸并与前领外轮廓连顺，得到翻领后部外轮廓尺寸，绘制如图 5-13 所示。

⑤以 C 点为基点，旋转拉开翻领后部外轮廓尺寸；面料厚度对翻领外轮廓线的长度有一定的影响，其影响值为：0~0.3cm（翻领 – 领座）。其中，面料很薄时，取 0；面料较薄时，取 0.1cm；面料较厚时，取 0.2cm；面料很厚时，取 0.3cm；画顺领外轮廓线，翻折线，绘制如图 5-14 所示。

⑥按不同工艺要求，CD 等于 SNP–D，或减一定的归拔量，C 点也可在 CD 上调整后，再旋转拉开翻领后部外轮廓尺寸。

（3）袖制图：

①两片合体袖结构，拷贝前、后袖窿的形状，确定袖山高，绘制如图 5-15 所示。

②袖山点向后衣身偏 2cm，袖子的轮廓造型更符合人体手臂形态，外袖缝更靠近袖成型线，也是为了符合人体手臂形态，绘制如图 5-16 所示。

③过袖山点，以后 AH 加 0.5~1cm、前 AH 尺寸作辅助直线定袖宽，画袖山弧线；袖山弧线与衣身袖窿弧线差可依具体面料调整。

④小袖袖底弧度既要与大袖弧度顺接，又要保证腋下一段与衣身袖窿吻合。

⑤袖口尺寸为（袖宽 /2）× 3/4。

⑥袖口向上 12cm 为袖衩止点，有四粒装饰扣。

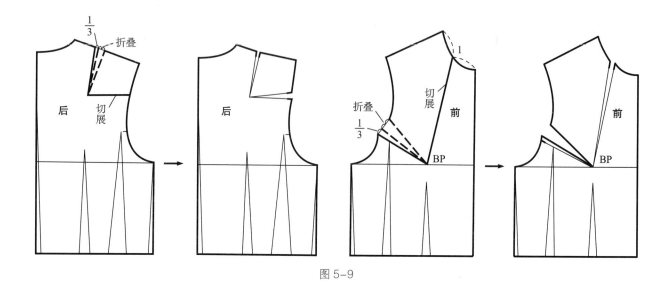

图 5-9

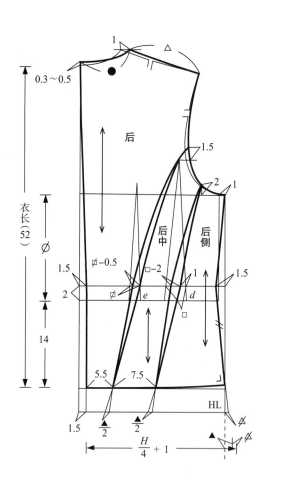
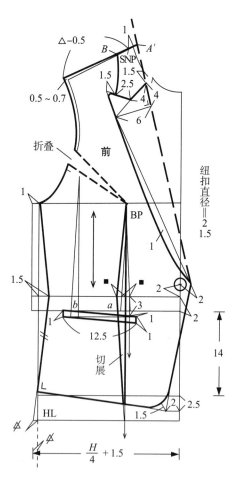

图 5-10

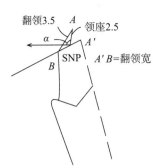

翻领3.5　　*A*　　领座2.5

α

A'

SNP　　*A' B*=翻领宽

B

图 5-11

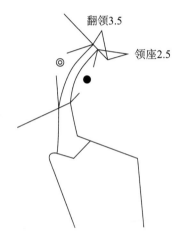

翻领3.5

领座2.5

图 5-13

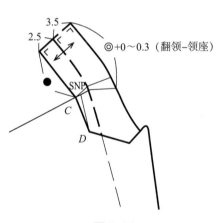

3.5

2.5　　　　　◎+0～0.3（翻领-领座）

SNP

C

D

图 5-14

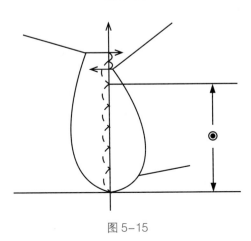

图 5-15

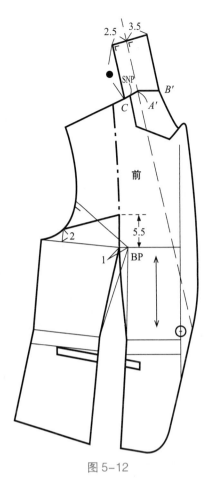

2.5　　3.5

SNP

B'

C　　*A'*

前

5.5

2　　BP

1

图 5-12

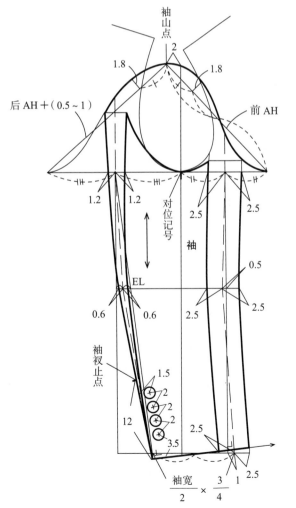

袖山点

1.8　　2　　1.8

后 AH＋（0.5～1）　　　　前 AH

1.2　　1.2

对位记号

2.5　　2.5

袖

0.5

EL

0.6　　0.6　　2.5　　2.5

袖衩止点

1.5

2

2

12　　2

3.5　　2.5

袖宽／2 × 3/4　　1　　2.5

袖长（57）

图 5-16

3. 外套结构设计案例三：一粒扣青果领上装

3.1 款式特点分析

此款上装为青果领西服，一粒扣设计，前门襟下部为斜圆角，左衣身胸部手巾袋倾斜度较大，强调装饰效果。衣身整体结构为典型的西服三开身结构，后背缝有开衩设计。袖子为较合体两片袖，袖口四粒装饰扣，垫肩厚度0.5~0.8cm（图5-17、图5-18）。具体规格尺寸设计见表5-3。

图5-17

图5-18

表5-3 规格表
单位：cm

号／型	部位	衣长	胸围	臀围	袖长
160/84A	净体尺寸	38（背长）	84	90	52（臂长）
	成品尺寸	56	96	—	56

3.2 结构制图要点

（1）衣身制图：

①以160/84A规格的原型为基础制图。

②原型省道分散变化：后衣身肩省量的2/3转移到袖窿处，作为袖窿松量；前衣身胸省量的1/3作为袖窿处松量，领口处拉开1cm的量，余量转移为肩省，绘制如图5-19所示。

③衣长（原型颈后点至后衣摆的长度）：前、后衣身原型腰围线水平放置，后衣身在腰围线向下延长18cm，衣长为56cm，绘制如图5-20所示。

④胸围：前、后衣身原型在侧缝处加3cm的松量，腰线对齐水平放置。前、后衣身胸围线上去除总量为3cm。

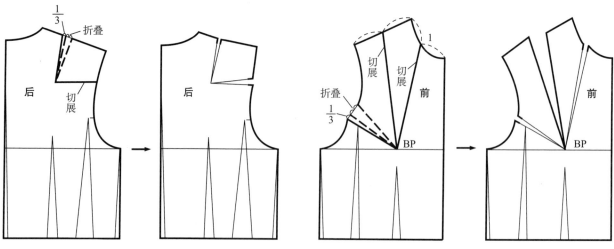

图5-19

⑤前、后衣身腰围线上抬 2cm。

⑥腰长即臀围线位置：（号 /10）+2.5cm；臀围松量尺寸可在 HL 线处调整。

⑦前肩线长度放大如图 5-21 所示。

⑧肋缝省中心线：上端为原型胸宽线与腋下对合标记二等分点向前中方 0.5cm 的处点；下端为袋口后端向前中方向 2.5cm 处的点。

⑨袋口前端位置：a 省与上抬腰围线前端交点向下引垂线，并量取 3cm，为袋口前端点位置，后端起翘量 1cm。

⑩前衣身合并肩省转移到领口省，并修正省尖位置，绘制如图 5-22 所示。

⑪前肩线比后肩线少 0.5cm 的缩缝量，可依具体面料调整。

（2）领制图：如图 5-20 所示。

①采用直接制图法，领口宽扩放 1cm 为前衣身颈侧点，从颈侧点沿肩线向肩点方向取 0.7cm，再从 0.7cm 点延长肩线取侧领座尺寸 2.3cm，并与翻折止点连线画出翻折线。

②过 0.7cm 点画翻折线平行线，取后领围尺寸。

③以 0.7cm 点为基点，以 2.5cm 为倾倒量，倾倒后领围尺寸；作这条线的垂线，并在其上取领座和翻领尺寸。

④画顺衣领领外口线、领下口线。

⑤青果领无领角，领里分割线设计在过颈前点相切于领窝线处。

（3）袖制图：

①两片合体袖，袖山高绘制如图 5-23 所示。

②袖制图同款一，袖口处有四粒装饰扣。

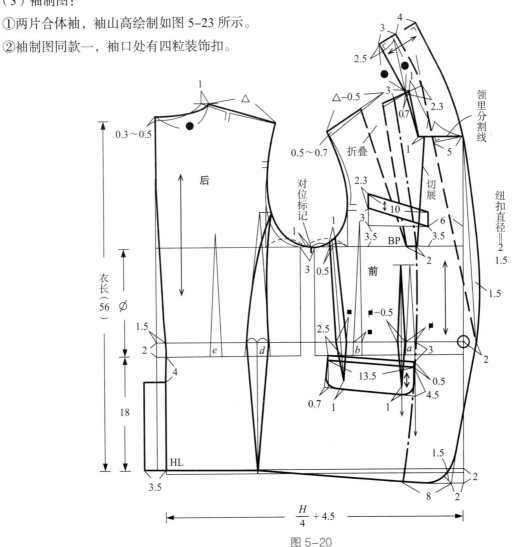

图 5-20

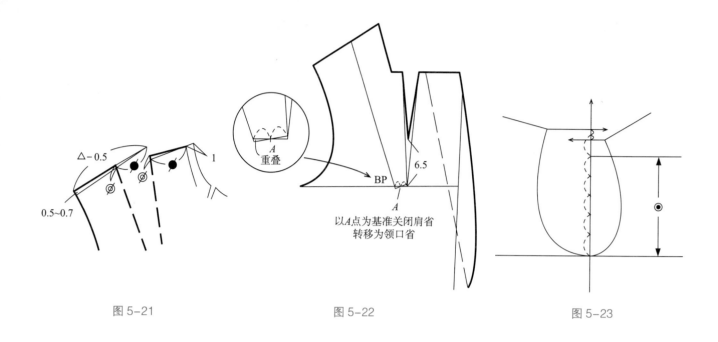

图 5-21　　　　　　　　　　　　图 5-22　　　　　　　　　　　　图 5-23

以A点为基准关闭肩省
转移为领口省

6.5

BP

A
重叠

A

△-0.5

0.5~0.7

1

4. 外套结构设计案例四：斜衣襟弧线形翻折线上装

4.1 款式特点分析

　　此款上装领部的翻折线为圆弧形，门襟为斜门襟四粒扣设计，整体衣身为三开身结构，前衣身腰省延至衣摆，后衣身中心线破缝收腰。袖子为合体两片袖，垫肩厚度 0.8~1cm（图 5-24、图 5-25）。具体规格尺寸设计见表 5-4。

图 5-24

图 5-25

表 5-4　规格表　　　　　　　　　　　　　　　　　单位：cm

号 / 型	部位	衣长	胸围	臀围	袖长
160/84A	净体尺寸	38（背长）	84	90	52（臂长）
	成品尺寸	54	92	—	57

4.2 结构制图要点

（1）衣身制图：

①以 160/84A 规格的原型为基础制图。

②原型省道分散变化：后衣身肩省量的 2/3 转移到袖窿处，作为袖窿松量；前衣身胸省量的 1/3 作为袖窿处松量，领口处拉开 0.8cm 的量，余量转移为腰省，绘制如图 5-26 所示。

③衣长（原型颈后点至后衣摆的长度）：前、后衣身原型腰围线水平放置，后衣身在腰围线向下延长 16cm，定衣长为 54cm，绘制如图 5-27 所示。

④胸围：前、后衣身原型在侧缝处对齐，胸围线上去除总量为 2cm。

⑤前、后衣身腰围线上抬 2cm。

⑥腰长即臀围线位置：（号/10）+2.5cm。

⑦A′ 点与翻折止点连线，画出翻折线。A′ 点位置绘制如图 5-28 所示。

⑧过颈侧点外扩 0.7cm 点即 SNP 点画前衣身领口线，与翻折线相似形。

⑨袋口前端位置：a 省与上抬腰围线前端交点向下引垂线，并量取 3cm，为袋口前端点位置。

⑩前肩线比后肩线少 0.5cm 的缩缝量，可依具体面料调整。

⑪前胸省所剩省量转移至腰省处分割线中，并修正省尖位置，绘制如图 5-29、图 5-30 所示。

（2）领制图：

①分析服装款式画出衣领造型线：设计翻领尺寸 5cm，领座尺寸 2.5cm，翻领、领座尺寸与肩部衣领造型线关系绘制如图 5-28 所示。A-SNP-B 可视为衣领在颈侧点 SNP 处的截面。A-SNP= 领座，AB= 翻领，角 α 大于 90°，衣领向脖颈贴合。A′B=AB= 翻领。

②延长肩线，取领座尺寸 2.5cm，即 A′C= 领座；连接 C 与翻折止点 D 点，画翻折线相似形，为前领下口线；核对前领下口线 CD 长度是否与实际领口弧长 SNP-D 匹配，有减 0~2cm 的归拔量，依实际面料性能确定归拔量，修正 C 点为 C′ 点，绘制如图 5-31 所示。

③求得翻领后部外轮廓尺寸，绘制如图 5-32 所示。

④以后领围尺寸、领座加翻领尺寸作矩形；后领翻折线与前领翻折线对齐，以 C′ 点为基点，旋转拉开翻领后部外轮廓尺寸。

⑤画顺外轮廓线，翻折线。

（3）袖制图：

①两片合体袖，袖山高绘制如图 5-33 所示。

②袖制图同款二的袖制图。

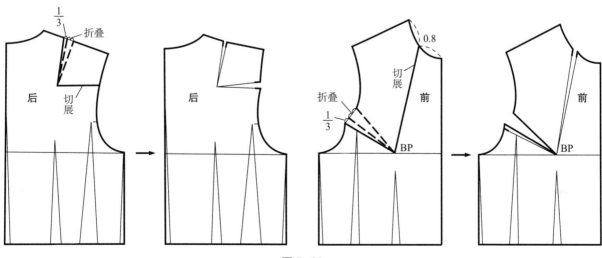

图 5-26

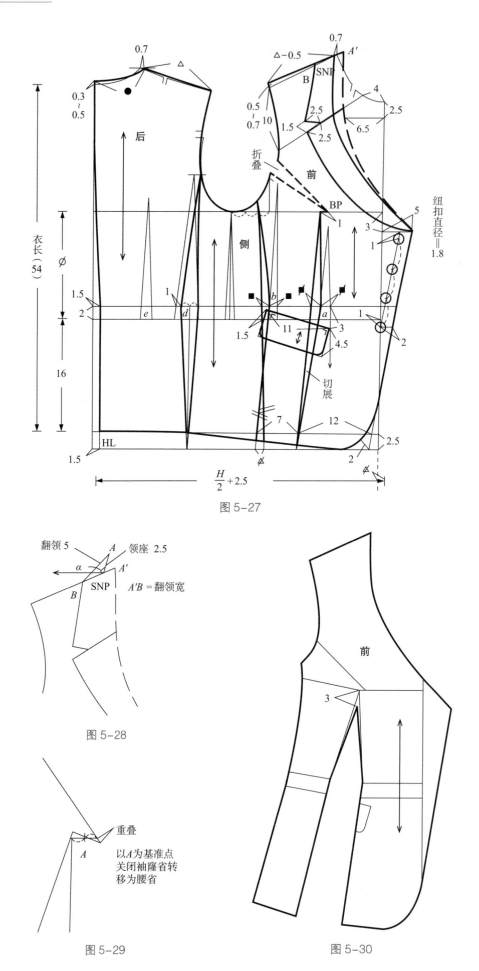

图 5-27

翻领 5   A   领座 2.5

α   A′

B   SNP   A′B = 翻领宽

图 5-28

重叠

以A为基准点
关闭袖窿省转
移为腰省

图 5-29

前

3

图 5-30

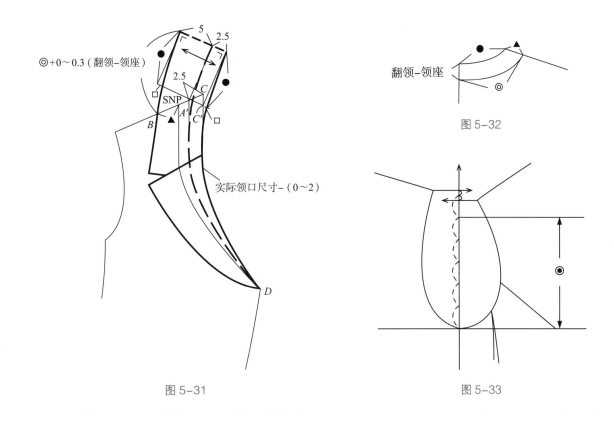

图 5-31

图 5-32

图 5-33

5. 外套结构设计案例五：双排扣弧线加直线形翻折线上装

5.1 款式特点分析

　　此款上装领部翻折线为弧线加直线形状，前衣襟为双排扣设计。衣身结构在三开身基础上，前、后衣身分别加纵向分割线设计。袖子为合体两片袖结构，袖口四粒装饰扣，垫肩厚度 0.5~0.8cm（图 5-34、图 5-35）。具体规格尺寸设计见表 5-5。

图 5-34　　　　　　　图 5-35

表 5-5　规格表　　　　　　　　　　单位：cm

号/型	部位	衣长	胸围	臀围	袖长
160/84A	净体尺寸	38（背长）	84	90	52（臂长）
	成品尺寸	58	94	99	57

5.2 结构制图要点

（1）衣身制图：

①以 160/84A 规格的原型为基础制图。

②原型省道分散变化：后衣身肩省量的 1/2 转移到袖窿处，作为袖窿松量；前衣身胸省量的 1/4 作为袖窿处

松量，领口处拉开 0.5cm 的量，余量转移为肩省，绘制如图 5-36 所示。

③衣长（原型颈后点至后衣摆的长度）：前、后衣身原型腰围线水平放置，后衣身在腰围线向下延长 20cm，定衣长为 58cm，绘制如图 5-37 所示。

④胸围：前、后衣身原型在胸围线侧缝处加 1cm 的松量，腰围线水平放置。胸围线上去除总量为 2cm。

⑤前、后衣身腰围线上抬 2cm。

⑥腰长即臀围线位置：（号 /10）+2.5cm。

⑦A' 点与翻折止点连线，画出翻折线。注意观察翻折线由弧线向直线转折的转折点的位置。A' 点位置绘制如图 5-38 所示。

⑧过颈侧点外扩 2cm 点即 SNP 点画前衣身领口线，与翻折线相似形。

⑨袋口前端位置：a 省与上抬腰围线前端交点向下引垂线，并量取 3cm，为袋口前端点位置，后端起翘量 1cm。

⑩前肩线比后肩线少 0.5cm 的缩缝量，可依具体面料调整。

（2）领制图：

①分析服装款式画出衣领造型线：设计翻领尺寸 5cm，领座尺寸 1.5cm，翻领、领座尺寸与肩部衣领造型线关系绘制如图 5-38 所示。A-SNP-B 可视为衣领在颈侧点 SNP 处的截面。A-SNP= 领座，AB= 翻领，角 α 大于 90°，衣领向脖颈贴合。$A'B=AB=$ 翻领。

②将翻折线中直线部分延长作为左侧前领造型的反射基准线，将其反射至右侧。B 点反射至 B' 点，A' 反射至 A'' 点；延长 $B'A''$ 至 C 点，$A''C=$ 领座；连接 CD，画翻折线相似形，为前领下口线；核对前领下口线 CD 长度是否与实际领口弧长 SNP-D 匹配，有减 0~1.5cm 的归拔量，依实际面料性能确定归拔量，修正 C 点为 C' 点，绘制如图 5-39 所示。

③求得翻领后部外轮廓尺寸，绘制如图 5-40 所示。

④以后领围尺寸、领座加翻领尺寸作矩形；后领翻折线与前领翻折线对齐，以 C' 点为基点，旋转拉开翻领后部外轮廓尺寸，绘制如图 5-41 所示。

⑤画顺外轮廓线，翻折线。

（3）袖制图：两片合体袖，制图同款二的袖制图。

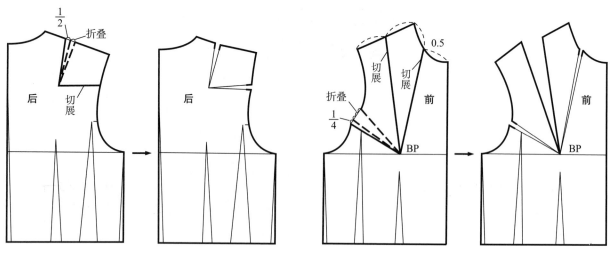

图 5-36

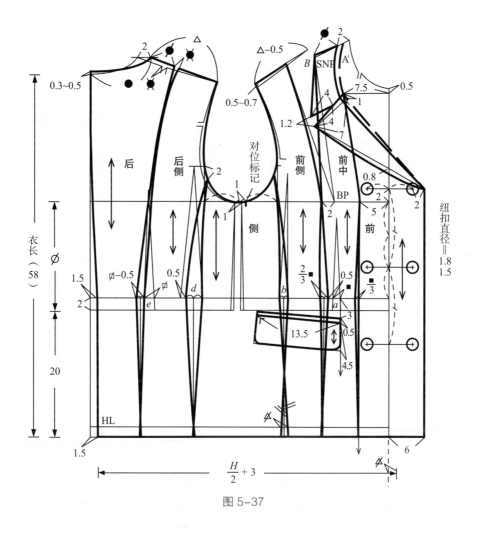

图 5-37

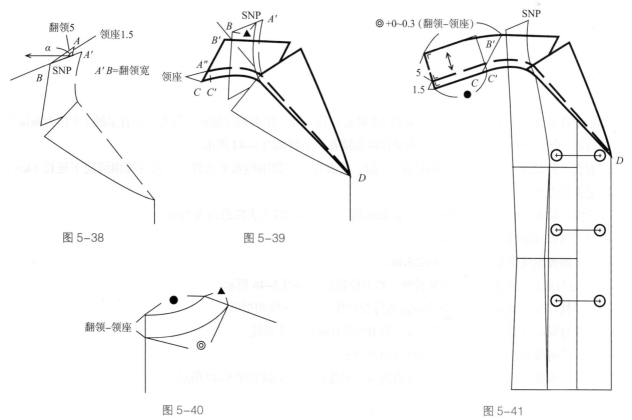

图 5-38

图 5-39

图 5-40

图 5-41

6.外套结构设计案例六：叠领胸下分割线上装

6.1 款式特点分析

此款上装领部为叠领设计，下半部领口线为圆弧形。前衣身下胸围处作横向分割设计，并以碎褶形式作胸部造型，后衣身中心线破缝收腰。袖子为一片袖结构，袖口处收省。肩部造型较夸张，垫肩为厚度1~1.2cm的圆形垫肩（图5-42、图5-43）。具体规格尺寸设计见表5-6。

图 5-42   图 5-43

表 5-6　规格表　　　　　　　　　　　　　　　　　　　　　　　　　单位：cm

号/型	部位	衣长	胸围	臀围	袖长
160/84A	净体尺寸	38（背长）	84	90	52（臂长）
	成品尺寸	52	94	—	58

6.2 结构制图要点

（1）衣身制图：

①以 160/84A 规格的原型为基础制图。

②原型省道分散变化：后衣身肩省量的 2/3 转移到袖窿处，作为袖窿松量；前衣身胸省量的 1/3 作为袖窿处松量，领口处拉开 0.5cm 的量，余量转移为腰省，绘制如图 5-44 所示。

③衣长（原型颈后点至后衣摆的长度）：前、后衣身原型腰围线水平放置，后衣身腰围线向下延长 14cm，定衣长为 52cm（图 5-45）。

④胸围：后衣身原型在胸围线侧缝处加 1cm 的松量，胸围线上去除总量为 2cm。

⑤前、后衣身腰围线上抬 2cm。

⑥腰长即臀围线位置：（号/10）+2.5cm。

⑦A′ 点与翻折止点连线，画出翻折线。A′ 点位置绘制如图 5-46 所示。

⑧过颈侧点外扩 1cm 点即 SNP 点画前衣身领口线，与翻折线相似形。

⑨前衣身纵向分割线参考线：胸围线上距 BP 点 1cm 向下作垂线。

⑩前、后肩线所差的缩缝量，可依具体面料调整。

⑪合并前胸省，转移至分割线中，并沿横向分割线剪开，绘制如图 5-47 所示。

⑫沿切展线剪开，并拉开所需抽褶量，绘制如图 5-48 所示。

（2）领制图：

①分析服装款式画出衣领造型线：设计翻领尺寸 4.5cm，领座尺寸 2cm，翻领、领座尺寸与肩部衣领造型线关系绘制如图 5-46 所示。A-SNP-B 可视为衣领在颈侧点 SNP 处的截面。A-SNP= 领座，AB= 翻领，角 α 大于 90°，衣领向脖颈贴合。$A'B=AB=$ 翻领。

②求得翻领后部外轮廓尺寸，绘制如图 5-49 所示。

③延长肩线，取领座尺寸 2cm，即 $A'C=$ 领座；连接 C 与翻折止点 D 点，画翻折线相似形，为前领下口线；核对前领下口线 CD 长度是否等于实际领口弧长 SNP-D，或减 0~1.5cm 的归拔量，修正 C 点为 C' 点，绘制如图 5-50 所示。

④以后领围尺寸、领座加翻领尺寸作矩形；后领翻折线与前领翻折线对齐，以 C' 点为基点，旋转拉开翻领后部外轮廓尺寸。

⑤画顺外轮廓线，翻折线。

（3）袖制图：

①拷贝前后袖窿的形状，确定袖山高，绘制如图 5-51 所示。

②袖山点向后衣身偏 1cm；作前 AH、后 AH+（0.5~1）cm 的辅助线，绘制如图 5-52 所示。

③定袖长、袖肘线、袖口线位置。

④前、后袖宽分别二等分，并作垂线连接到袖口。

⑤画出袖山弧线，底部弧线与衣身袖窿底部弧线吻合。具体方法可参考原型袖部位的画法。

⑥连接袖山点与衣身袖窿底部对位记号点，并一直延长到袖口，为袖底缝线。

⑦确定袖口尺寸，画出袖的前后成型袖线。

⑧前袖以前成型袖线为对称轴展开，在 EL 线及袖口线上都是两边对称相等，画出前袖缝线；后袖在 BL 和 EL 处作袖底缝线的垂线，并在其上作对等点，画出后袖缝线。

⑨修正袖口省省尖位置，袖口省中心位置为后成型袖线的延长线。

⑩从袖山点向下作垂线交于袖宽线并切展，绘制如图 5-53 所示。

⑪后袖山拉开 1cm，前袖山拉开 1.5cm，修顺袖山弧线，画袖山省；可依面料调整具体缝缩量，绘制如图 5-54 所示。

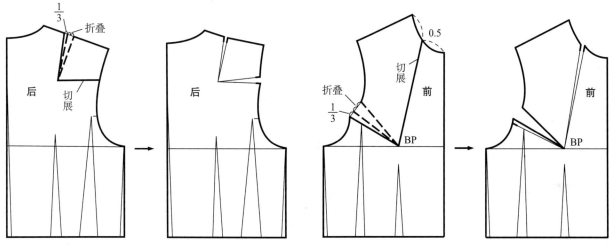

图 5-44

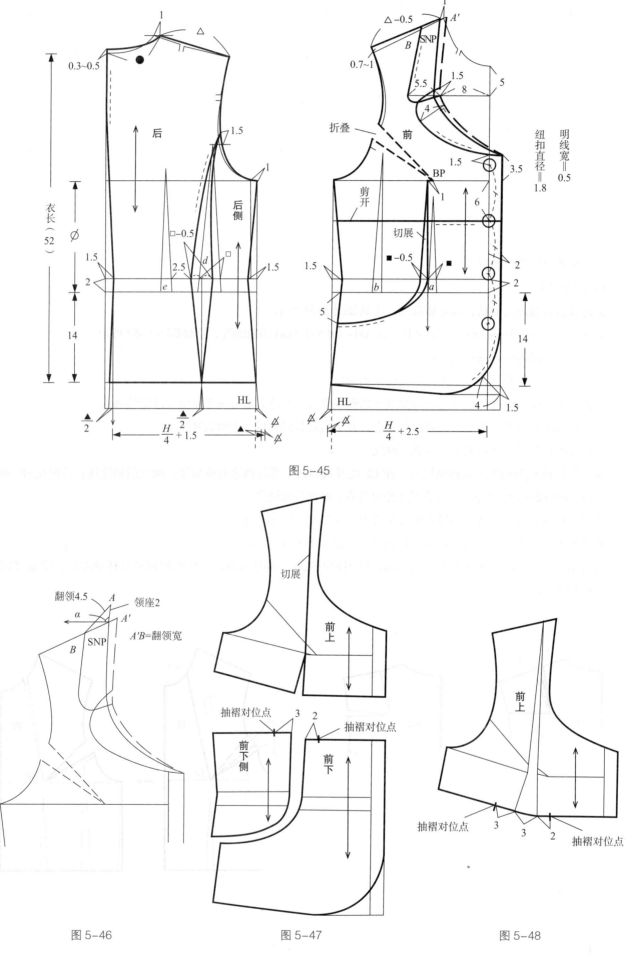

图 5-45

图 5-46　　　　　　　　　　图 5-47　　　　　　　　　　图 5-48

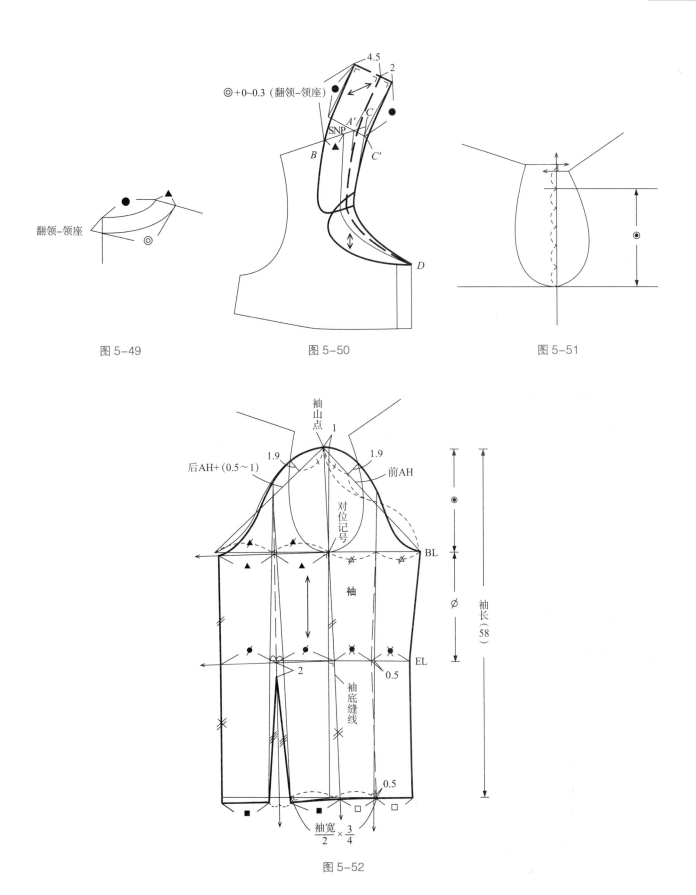

图 5-49　　　　　　　　　图 5-50　　　　　　　　　图 5-51

图 5-52

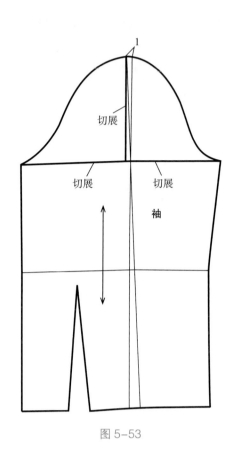

图 5-53

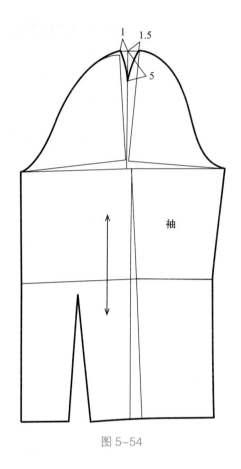

图 5-54

7.外套结构设计案例七：腰部分割半插肩袖上装

7.1 款式特点分析

    此款上装无领，在衣身领口结构基础上，有分割的领口装饰设计，前中心以拉链为开合方式。前、后衣身在腰线处断开，前衣身上部有两道纵向分割线收身，与下部装饰褶呼应，左右各有一单牙挖袋压在褶裥上。后衣身上部一道纵向分割线及中缝破缝作收身，与前身呼应。肩部为半插肩袖结合褶裥装饰结构，可加厚度为 0.8~1cm 的圆形垫肩（图 5-55、图 5-56）。具体规格尺寸设计见表 5-7。

图 5-55

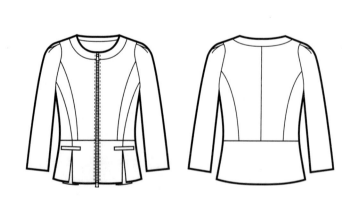

图 5-56

表 5-7　规格表　　　　　　　　　　　　　　　　　　　　单位：cm

号/型	部位	衣长	胸围	袖长
160/84A	净体尺寸	38（背长）	84	52（臂长）
	成品尺寸	50	94	40

7.2 结构制图要点

（1）衣身制图：

①以 160/84A 规格的原型为基础制图。

②原型省道分散变化：后衣身肩省量的 2/3 转移到袖窿处，作为袖窿松量；前衣身胸省量的 1/3 作为袖窿处松量，余量转移为侧缝省，绘制如图 5-57 所示。

③衣长（原型颈后点至后衣摆的长度）：前、后衣身原型腰围线向下延长 12cm，定衣长 50cm，绘制如图 5-58、图 5-59 所示。

④胸围：后衣身原型在胸围线侧缝处加 1cm 的松量，胸围线上去除总量为 2cm；前中心处收 0.5cm 留出拉链宽度。

⑤前、后衣身腰围线上抬 2cm。

⑥袖山高绘制如图 5-60 所示。

⑦后衣身袖窿上 G 点至胸围线垂线的上三分之一点为 A 点，是袖身与衣身分割线参考点，过 A 点量取与衣身袖窿弧线等长的弧线与袖宽线相交，确定后袖宽，绘制如图 5-58 所示。

⑧前衣身胸省下端点至胸围线作垂线，其二分之一点为 A′ 点，是袖身与衣身分割线参考点，过点 A′ 量取与衣身袖窿弧线等长的弧线与袖宽线相交，确定前袖宽，绘制如图 5-59 所示。

⑨前衣身侧缝省转移到衣身袖窿处；依款式图确定衣身分割线位置，绘制如图 5-61 所示。

⑩袋口具体尺寸绘制如图 5-62 所示。

⑪前衣身腰线以下部分结构绘制如图 5-63 所示。

⑫后衣身腰线以下部分结构绘制如图 5-64 所示。

（2）袖制图：

①前后袖身合并为一片，绘制如图 5-65 所示。

②袖山顶点向上 1.5cm，修顺袖山弧线，多余的量以褶裥的形式处理。

③修正前后袖底缝等长。

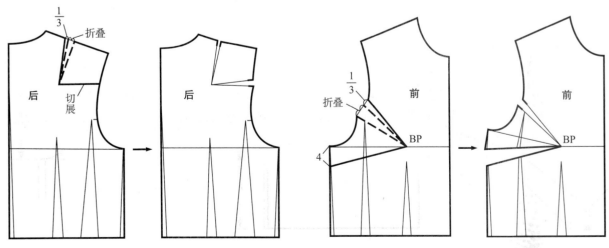

图 5-57

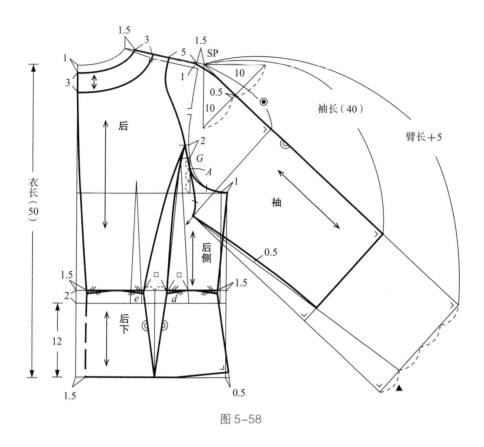

图 5-58

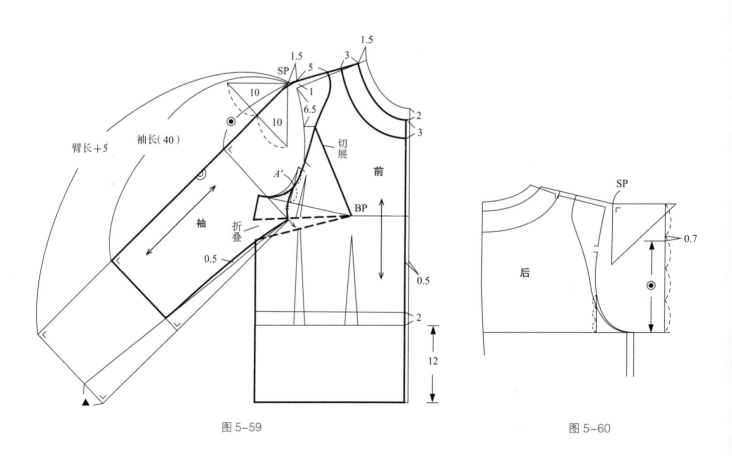

图 5-59

图 5-60

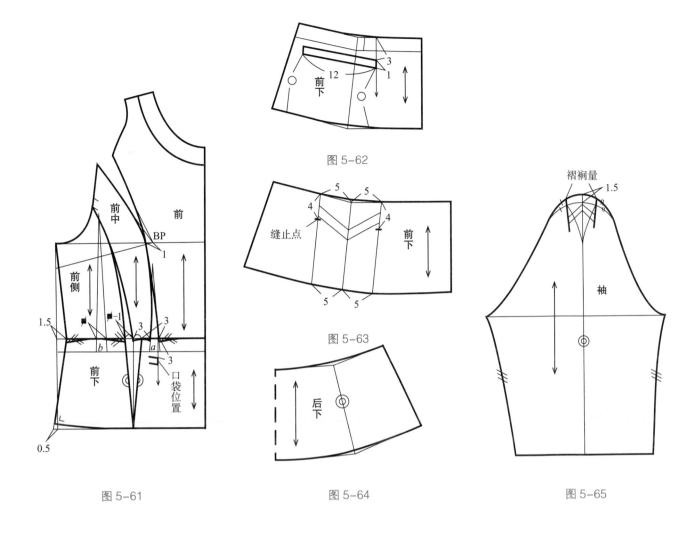

图 5-62

图 5-63

图 5-61

图 5-64

图 5-65

8. 外套结构设计案例八：盖肩袖上装

8.1 款式特点分析

　　此款上装为盖肩袖款式，袖子部分为两片较弯身袖形。衣领领座部分较高，前衣身两道纵向分割线，后衣身一道纵向分割线及中缝破缝作收身处理。可加厚度为 0.8~1cm 的圆形垫肩（图 5-66、图 5-67）。具体规格尺寸设计见表 5-8。

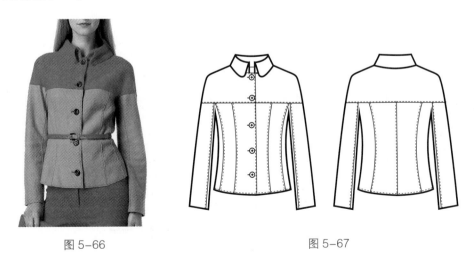

图 5-66

图 5-67

表 5-8　规格表

单位：cm

号 / 型	部位	衣长	胸围	臀围	袖长
160/84A	净体尺寸	38（背长）	84	90	52（臂长）
	成品尺寸	54	96	—	57

8.2 结构制图要点

（1）衣身制图：

①以 160/84A 规格的原型为基础制图。

②原型省道分散变化：后衣身肩省量的 2/3 转移到袖窿处，作为袖窿松量；前衣身胸省量的 1/3 作为袖窿处松量，余量转移为腰省，绘制如图 5-68 所示。

③衣长（原型颈后点至后衣摆的长度）：前、后衣身原型腰围线向下延长 16cm，定衣长 54cm，绘制如图 5-69、图 5-70 所示。

④胸围：后衣身原型在胸围线侧缝处加 1cm 的松量，前、后衣身胸围线上去除总量为 1cm；前、后衣身腋下点下落 1cm；前中心处放 0.5cm 的松量是因为考虑到面料的厚度。

⑤前、后衣身腰围线上抬 1cm。

⑥腰长即臀围线位置：（号 /10）+2.5cm。

⑦后衣身袖窿上 G 点至胸围线垂线的上三分之一点为参考点，与下落腋下点连接作腋下袖窿弧线；前衣身胸省下端点至作胸围线垂线，二分之一点为参考点，与下落腋下点连接作腋下袖窿弧线。

⑧袖山高绘制如图 5-71 所示。

⑨后盖肩分割线：胸围线水平向上 2cm 直线与袖山高横线水平向上 2cm 直线交角的角分线上取 1cm 为分割线参考点；前盖肩分割线画法相同，交角的角分线上取 1.5cm 为分割线参考点。

⑩A 点与 A′ 点分别为前后衣身腋下袖窿弧线与盖肩弧线的交点，也是袖身分割线的参考点；从 A 点与 A′ 点分别开始量取与衣身袖窿弧线等长的弧线与袖宽线相交，确定袖宽。

⑪前后袖中线作 2cm 偏袖量。

⑫合并前后小袖片，并画小袖内袖缝弧度，绘制如图 5-69 所示。

⑬前、后袖大袖片以新的袖中线为中线合并为完整大袖片，绘制如图 5-72 所示。

（2）领制图：如图 5-73 所示。

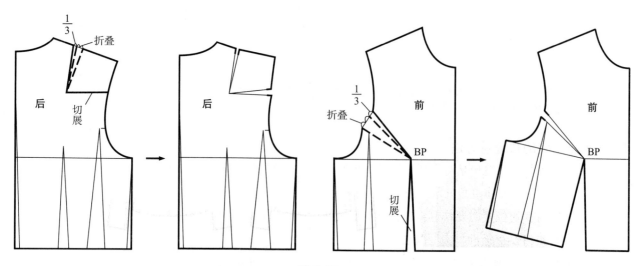

图 5-68

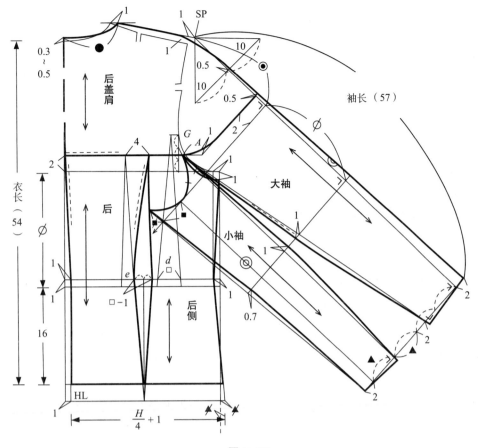

图 5-69

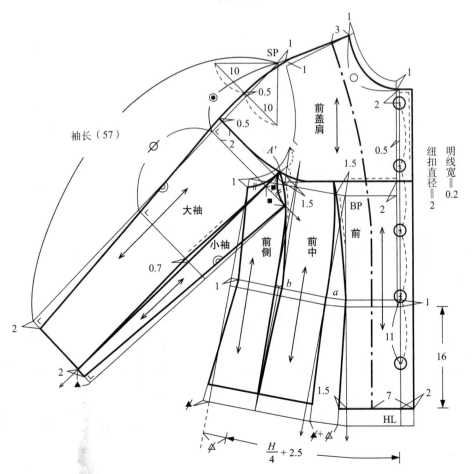

图 5-70

119

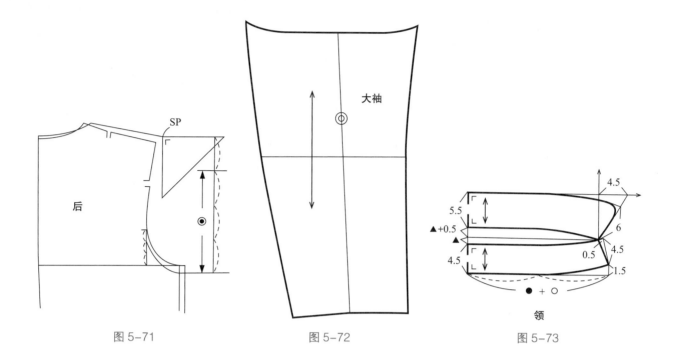

图 5-71   图 5-72   图 5-73

9. 外套结构设计案例九：立领连袖上装

9.1 款式特点分析

    此款上装部分袖身与衣身连接，领部为较高的立领，前衣襟为斜门襟，三粒扣，款式设计较有特点。借前衣身分割线处有插袋。后衣身背中缝破缝作收身处理。可加厚度为 0.8~1cm 的圆形垫肩（图 5-74、图 5-75）。具体规格尺寸设计（表 5-9）。

图 5-74   图 5-75

表 5-9   规格表   单位：cm

号 / 型	部位	衣长	胸围	臀围	袖长
160/84A	净体尺寸	38（背长）	84	90	52（臂长）
	成品尺寸	58	96	97	57

9.2 结构制图要点

（1）衣身制图：

①以 160/84A 规格的原型为基础制图。

②原型省道分散变化：后衣身肩省量的 2/3 转移到袖窿处，作为袖窿松量；前衣身胸省量的 1/3 作为袖窿处松量，余量转移为领口省，绘制如图 5-76 所示。

③衣长（原型颈后点至后衣摆的长度）：前、后衣身原型腰围线向下延长 20cm，定衣长 58cm，绘制如图 5-77、图 5-78 所示。

④胸围：后衣身原型在胸围线侧缝处加 1cm 的松量，胸围线上去除总量为 1cm；前、后衣身腋下点下落 1cm；前中心处放 0.5cm 的松量是因为考虑到面料的厚度。

⑤前、后衣身腰围线上抬 1cm。

⑥腰长即臀围线位置：（号 /10）+2.5cm。

⑦后衣身袖窿上 G 点至胸围线垂线上的二分之一点为 A 点，与下落腋下点作腋下袖窿弧线；前衣身胸省下端点至作胸围线垂线上的二分之一点为 A' 点，与下落腋下点作腋下袖窿弧线。

⑧前衣身 BP 点向下垂线与衣摆相交，以交点向前中心方向量取 1cm，再向上与 BP 点连线为前衣身分割线；分割线处腰省量为 a 省在腰围线上抬 1cm 处的量。

⑨袖山高绘制如图 5-79 所示。

⑩在前、后衣身上，从 A 点与 A' 点分别开始量取与衣身袖窿弧线等长的弧线与袖宽线相交，确定袖宽；A 点与 A' 点分别为前、后衣身与袖身分割线的参考点。

⑪臀围松量尺寸可在 HL 线与前、后衣片分割线相交处调整。

⑫前衣身左片绘制如图 5-80 所示。

⑬前、后衣身腋下片合并为一片，绘制如图 5-81 所示。

⑭前、后袖小袖片合并为一片，绘制如图 5-82 所示。

（2）领制图：（图 5-83）。

右领分割线处搭合量约 0.5cm 左右，且领上口缝合处领片同时为直角。

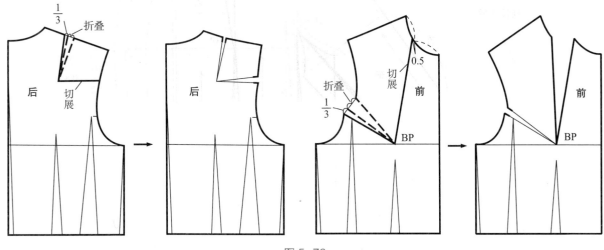

图 5-76

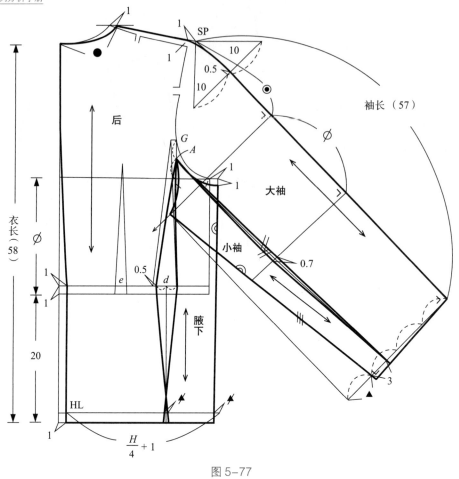

图 5-77

图 5-78

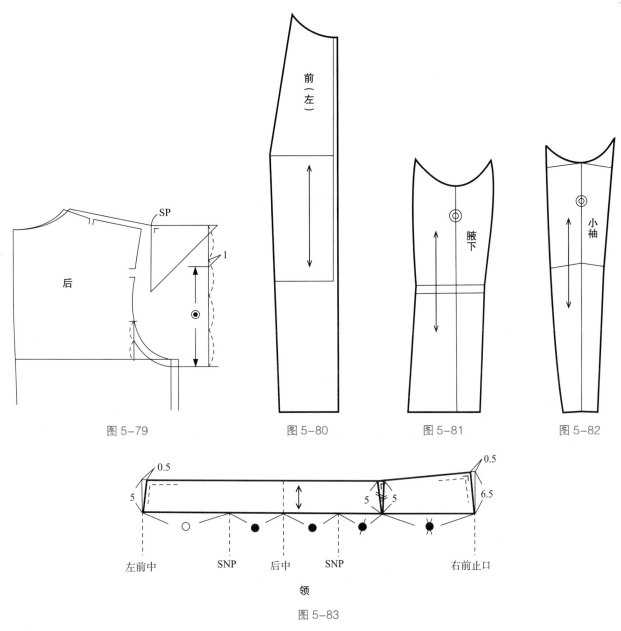

图 5-79　　　　　图 5-80　　　　　图 5-81　　　　　图 5-82

图 5-83

10. 外套结构设计案例十：连身立领褶裥装饰上装

10.1 款式特点分析

　　此款上装领部结构为
与衣身相连的立领，前衣
襟处有四道半省形式的折
裥装饰设计，纽扣隐藏在
折裥中，肋部有一纵向分
割线做收身处理。后衣
身中心线及肋部做收身吸腰
处理，垫肩厚度 1.2~1.5cm
（图 5-84、图 5-85）。具体
规格尺寸设计见表 5-10。

图 5-84

图 5-85

表 5-10 规格表   单位：cm

号／型	部位	衣长	胸围	臀围	袖长
160/84A	净体尺寸	38（背长）	84	90	52（臂长）
	成品尺寸	53	92	—	58

10.2 结构制图要点

（1）衣身制图：

①以 160/84A 规格的原型为基础制图。

②原型省道分散变化：后衣身肩省量的 2/3 转移到袖窿处，作为袖窿松量；前衣身胸省量的 1/3 作为袖窿处松量，领口处拉开 0.5cm 的量，余量转移为腰省，绘制如图 5-86 所示。

③衣长（原型颈后点至后衣摆的长度）：前、后衣身原型腰围线水平放置，前、后衣身腰围线向下延长 15cm，定衣长为 53cm，绘制如图 5-87 所示。

④胸围：后衣身原型在胸围线侧缝处加 2cm 的松量，胸围线上去除总量 2cm；前衣身原型胸围线上去除量为 2cm。

⑤前、后衣身腰围线上抬 2cm。

⑥腰长即臀围线位置：（号 /10）+2.5cm。

⑦依款式确定分割线、装饰褶位置；在衣身上直接画出领子；变化前的衣身结构为左前片。

⑧前后肩线所差的缩缝量，可依具体面料调整。

⑨切展装饰褶线，拉开所需折裥量；调整省道位置，每个省长 12cm，省量 4.5cm。每个省尖间距 4cm，每个省的缝止点为距止口 5cm 处；修顺外轮廓线，画出右侧前衣身结构，绘制如图 5-88 所示。

（2）袖制图：两片合体袖，制图同款一的袖制图。

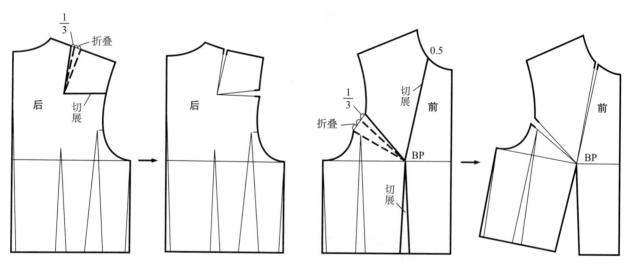

图 5-86

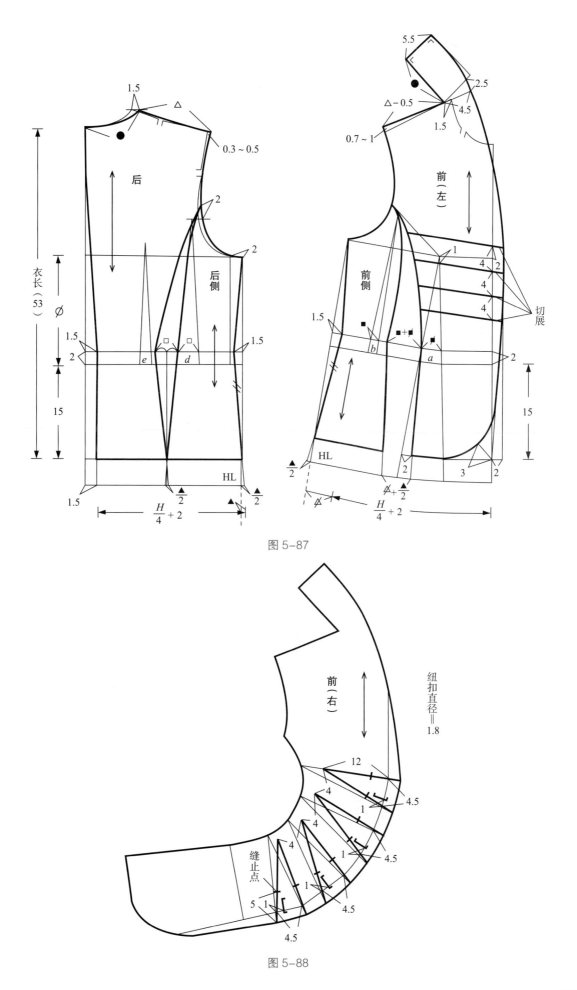

图 5-87

图 5-88

11. 外套结构设计案例十一：牛仔夹克

11.1 款式特点分析

此款牛仔上装是比较典型的休闲夹克类结构，且各部位结构以单或双明线装饰。前衣身两侧各有一单牙挖袋，袖子为较合体的夹克类袖结构，肩部无垫肩（图5-89、图5-90）。具体规格尺寸设计见表5-11。

图 5-89　　　　　　　　　　　　　　图 5-90

表 5-11　规格表　　　　　　　　　　　　　　　　单位：cm

号 / 型	部位	衣长	胸围	臀围	袖长
160/84A	净体尺寸	38（背长）	84	90	52（臂长）
	成品尺寸	50	95	—	57

11.2 结构制图要点

（1）衣身制图：

①以160/84A规格的原型为基础制图。

②原型省道分散变化：后衣身肩省量的2/3转移到袖窿处，作为袖窿松量；前衣身胸省量的1/3作为袖窿处松量，余量转移为腰省，绘制如图5-91所示。

③衣长（原型颈后点至后衣摆的长度）：前、后衣身原型腰围线水平放置。前、后衣身腰围线向下延长12cm，定衣长为50cm，绘制如图5-92所示。

④胸围：后衣身原型在胸围线上去除量为0.5cm。

⑤腰长即臀围线位置：（号/10）+2.5cm。

⑥前、后衣身肩线处作纸样拼合，绘制如图5-93所示。

（2）领制图：

①依据服装款式画出衣领造型线，设计合适的翻领尺寸4cm，领座尺寸3cm；翻领、领座尺寸与肩部衣领造型线关系，绘制如图5-94所示。

②以前、后领窝尺寸，翻领、领座尺寸作图，领角部位造型线按上图尺寸；如图画出3条切展线，绘制如图5-95所示。

③翻领后部外轮廓尺寸绘制如图5-96所示。

④剪开切展线，等量扩放出衣领外口线所需量；修正衣领外轮廓线，绘制如图5-97所示。

（3）袖制图：

①确定袖山高，绘制如图 5-98 所示。

②作前 AH-0.8，后 AH-（0.3~0.4）的辅助直线，确定袖宽，并向下作垂线，绘制如图 5-99 所示。

③定袖长、袖肘线位置。

④画袖山弧线，因绱袖缝份倒向衣身一侧，袖山弧线与衣身袖窿弧线等长，如需修正可调整袖宽。

⑤前、后袖宽分别二等分。

⑥确定袖口尺寸，画出大小袖的分割线。内外袖缝长度可结合工艺做等长或差量调整。

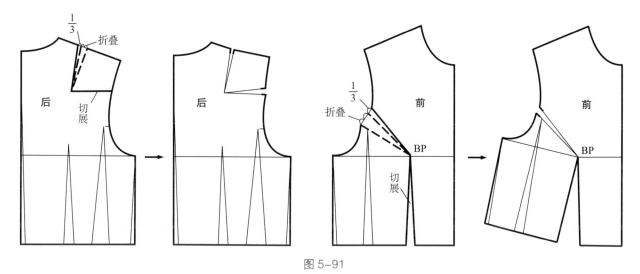

图 5-91

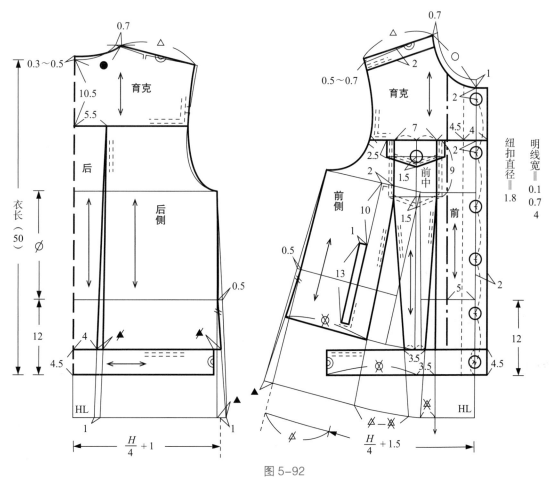

图 5-92

育克

图 5-93

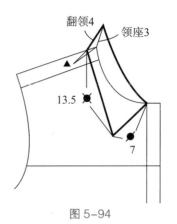

翻领4
领座3
13.5
7

图 5-94

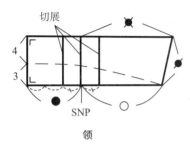

切展
4
3
SNP
领

图 5-95

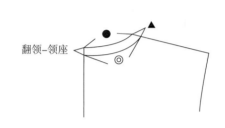

翻领-领座

图 5-96

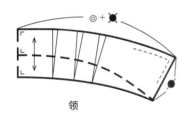

领

图 5-97

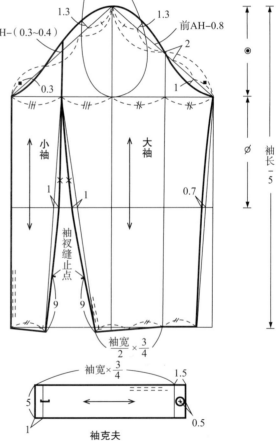

1.3　　1.3
后AH-（0.3~0.4）　　前AH-0.8
2
0.3　　1
小袖　　大袖
1　　1　　0.7
袖衩缝止点
9　　9
$\dfrac{袖宽}{2} \times \dfrac{3}{4}$
袖长÷5

袖宽$\times \dfrac{3}{4}$
1.5
5
1　　0.5
袖克夫

图 5-99

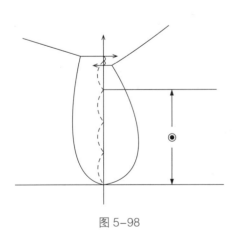

3

图 5-98

12. 外套结构设计案例十二：插肩袖风衣

12.1 款式特点分析

此款上装为比较典型的风衣款式，双排扣、高立领、腰部及袖口处有束带。前、后衣身作纵向分割，分别有盖布设计，后衣身中缝下端有开衩。袖子为三片插肩袖结构，肩部有肩章装饰，可加厚度为 0.8~1cm 的圆形垫肩（图5-100、图5-101）。具体规格尺寸设计见表5-12。

图 5-100   图 5-101

表 5-12　规格表　　　　　　　　　　　　　　　　　单位：cm

号 / 型	部位	衣长	胸围	臀围	袖长
160/84A	净体尺寸	38（背长）	84	90	52（臂长）
	成品尺寸	72	100	101	59

12.2 结构制图要点

（1）衣身制图：

①以 160/84A 规格的原型为基础制图。

②原型省道分散变化：后衣身肩省量的 2/3 转移到袖窿处，作为袖窿松量；前衣身胸省量的 1/3 作为袖窿处松量，领口处拉开 0.5cm 的量，余量转移为侧缝省，绘制如图 5-102 所示。

③衣长（原型颈后点至后衣摆的长度）：前、后衣身原型腰围线向下延长 34cm，定衣长 72cm，绘制如图 5-103、图 5-104 所示。

④胸围：后衣身原型在胸围线侧缝处加 2cm 的松量，胸围线上去除总量为 1cm；前衣身原型在胸围线侧缝处加 1cm 的松量；前、后衣身腋下点下落 2cm；前中心处放 0.5cm 的松量是考虑到面料的厚度。

⑤腰长即臀围线位置：（号 /10）+2.5cm。

⑥袖山高绘制如图 5-105 所示。

⑦袋口前端位置：a 省前中方向端点向下作垂线，与第四粒扣位水平线相交，并向侧缝方向量取 4cm，为袋口前端点位置。

⑧合并前胸省，修顺衣身轮廓线，绘制如图 5-106 所示。

⑨后盖布绘制如图 5-107、图 5-108 所示。

⑩前盖布绘制如图 5-109 所示。

⑪肩章绘制如图 5-110 所示。

⑫腰带绘制如图 5-111 所示。

⑬袖口束带绘制如图 5-112 所示。

（2）领制图：如图 5-113 所示。

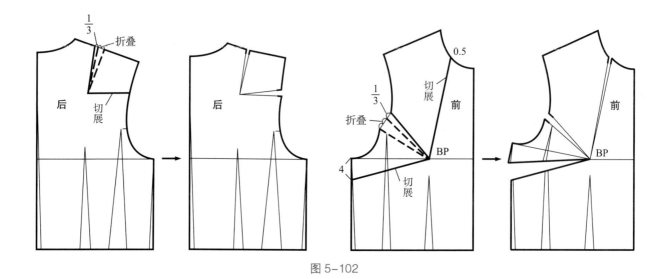

图 5-102

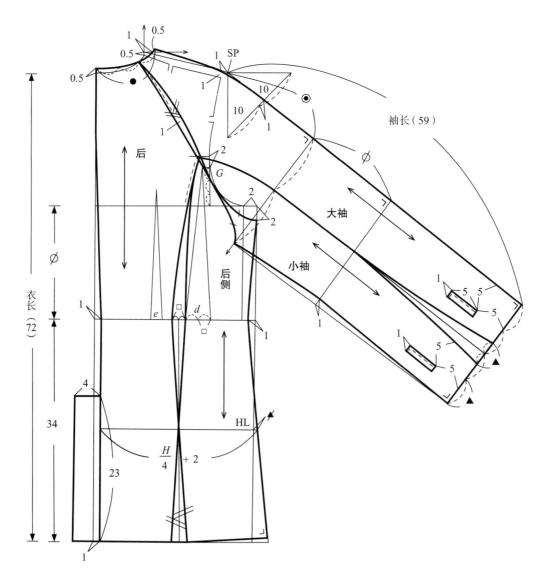

图 5-103

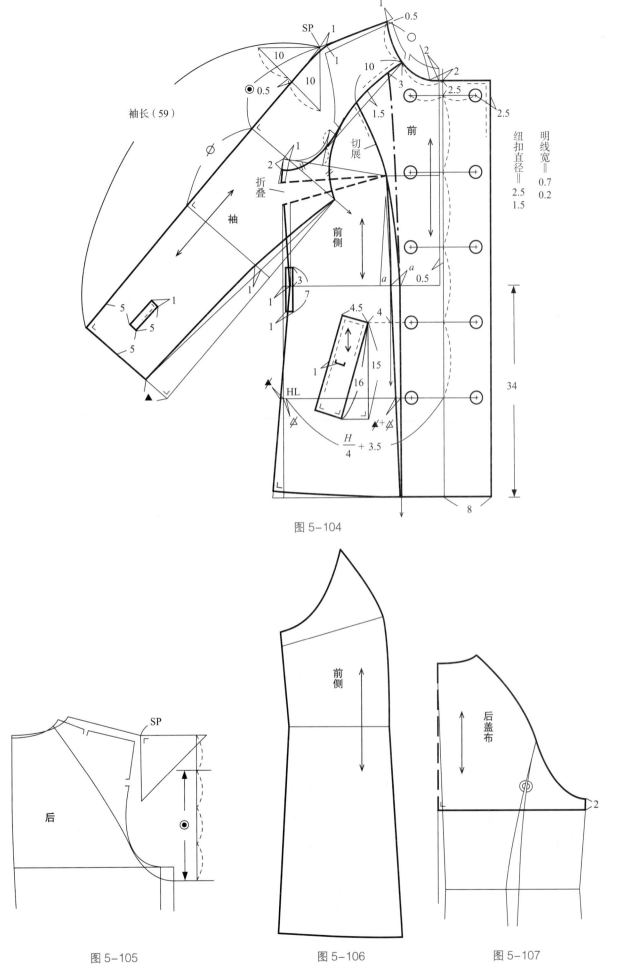

袖长（59）

明线宽＝
0.7
0.2

纽扣直径＝
2.5
1.5

$\dfrac{H}{4}+3.5$

图 5-104

图 5-105

图 5-106

图 5-107

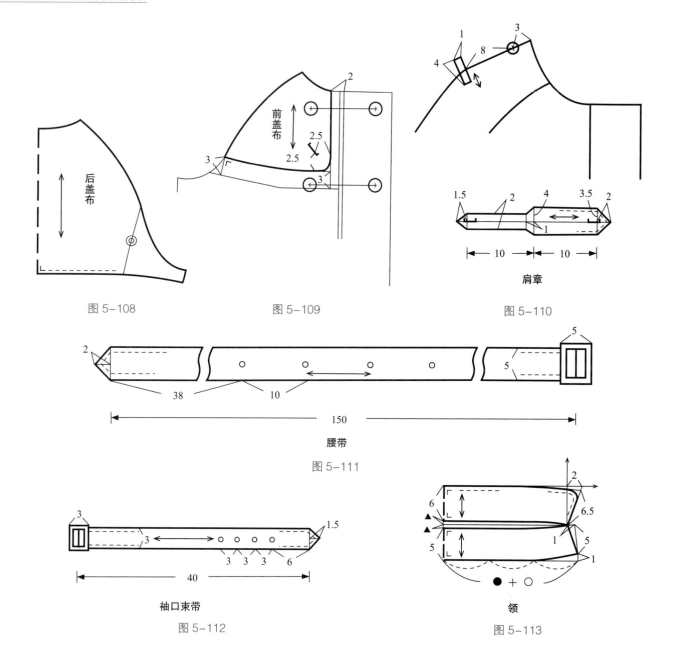

图 5-108　　　　　图 5-109　　　　　图 5-110

图 5-111

图 5-112　　　　　图 5-113

13. 外套结构设计案例十三：无袖短披风上装

13.1 款式特点分析

　　此款上装可分解为较合体马甲与短披风的组合结构。前衣襟双排扣，宽大的西服领，披风从分割线处延展出来。后衣身中缝下端有开衩，披风后中有褶裥设计，以增加活动性。肩部有肩章装饰（图 5-114、图 5-115）。具体规格尺寸设计见表 5-13。

图 5-114

图 5-115

表 5-13　规格表　　　　　　　　　　　　　　　　　　　　　　　单位：cm

号/型	部位	衣长	胸围	臀围
160/84A	净体尺寸	38（背长）	84	90
	成品尺寸	64	94	98

13.2 结构制图要点

（1）衣身制图：

①以 160/84A 规格的原型为基础制图。

②原型省道分散变化：后衣身肩省量的 1/3 转移到袖窿处，作为袖窿松量；前衣身胸省量的 1/4 作为袖窿处松量，领口处拉开 0.8cm 的量，余量转移为领口省，绘制如图 5-116 所示。

③衣长（原型颈后点至后衣摆的长度）：前、后衣身原型腰围线向下延 26cm，定衣长 64cm，绘制如图 5-117、图 5-118 所示。

④胸围：后衣身原型在胸围线侧缝处加 1cm 的松量，胸围线上去除 2cm 的量；前、后衣身腋下点下落 1cm；前中心处放 0.5cm 的松量是因为考虑到面料的厚度。

⑤腰长即臀围线位置：（号/10）+2.5cm。

⑥ A' 点与翻折止点连线，画出翻折线。A' 点位置绘制如图 5-119 所示。

⑦以翻折线为基线，反射画出衣领造型线；过 SNP 点作翻折线平行线，画出衣身领口线，绘制如图 5-118 所示。

⑧前衣身胸省转移到领口处，并依款式调整分割线位置；披风止点与第一排扣位齐，绘制如图 5-120 所示。

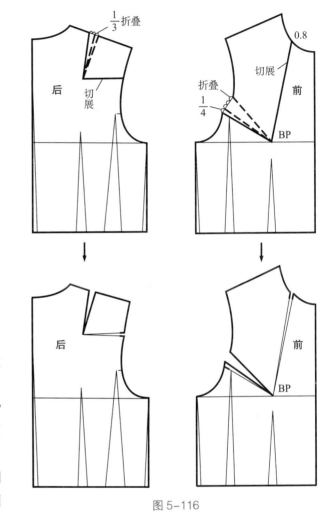

图 5-116

⑨后衣身披风肩线处省量合并，0.5cm 的肩线差量可依具体面料调整，下摆展开，修顺轮廓线，绘制如图 5-121、图 5-122 所示。

⑩前衣身披风及肩章结构绘制如图 5-123 所示。

（2）领制图：

①分析服装款式画出衣领造型线：设计翻领尺寸 7cm，领座尺寸 4cm，翻领、领座尺寸与肩部衣领造型线关系，绘制如图 5-119 所示。A-SNP-B 可视为衣领在颈侧点 SNP 处的截面。A-SNP= 领座，AB= 翻领，角 α 大于 90°，衣领向脖颈贴合。A'B=AB= 翻领。

②延长翻折线，以领座尺寸为间距作翻折线的平行线，交肩线于 C 点，并在其上量取后领窝尺寸，再作翻折线垂线，在垂线上量取领座尺寸、翻领尺寸，与反射画出的衣领造型线顺接，绘制如图 5-124 所示。

③翻领后部外轮廓尺寸绘制如图 5-125 所示。

④以 C 点为基点，旋转拉开翻领后部外轮廓尺寸；画顺领外轮廓线、翻折线，绘制如图 5-126 所示。

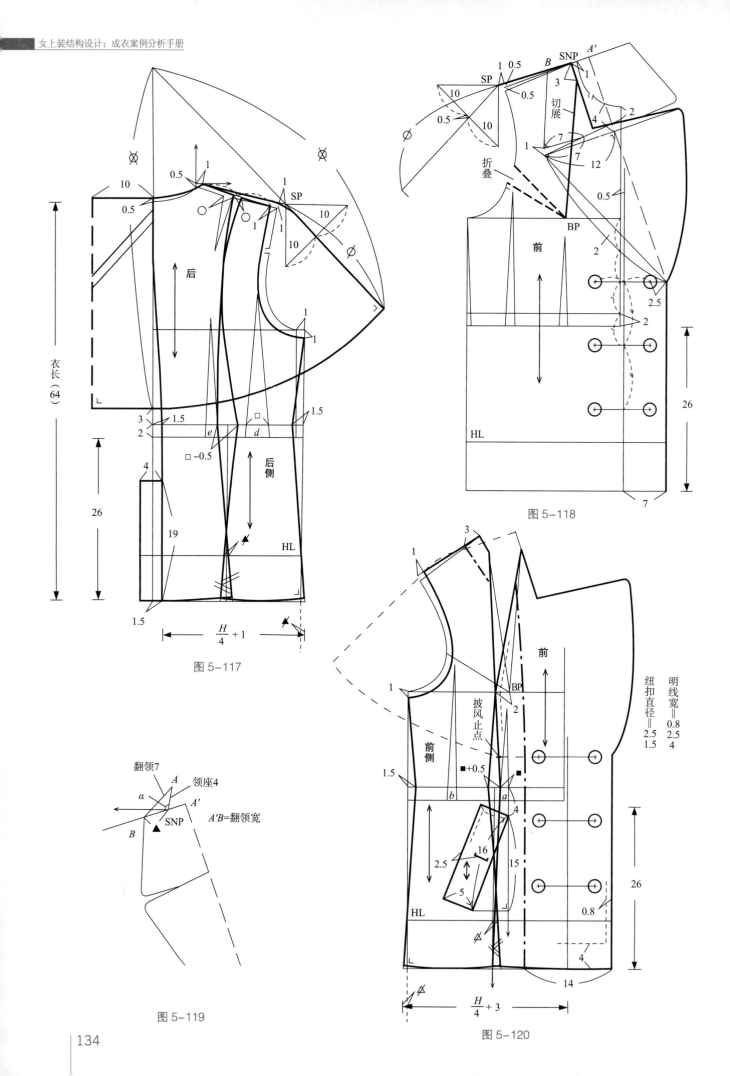

衣长（64）

图 5-117

10
0.5
0.5
SP
后
10
10
1
1
1
3
1.5
2
e
d
□ -0.5
后侧
4
26
19
HL
1.5
$\dfrac{H}{4}+1$

翻领7
领座4
A
α
A'
B
SNP
A'B=翻领宽

图 5-119

SP
SNP
A'
B
1
0.5
10
0.5
0.5
10
3
1
2
4
切展
折叠
1
7
7
12
0.5
BP
前
2
2
2.5
26
HL
7

图 5-118

3
1
1
1.5
BP
前
披风止点
2
前侧
■ +0.5
■
b
a
4
16
2.5
5
15
HL
纽扣直径＝
2.5
1.5
明线宽＝
0.8
2.5
4
26
0.8
4
14
$\dfrac{H}{4}+3$

图 5-120

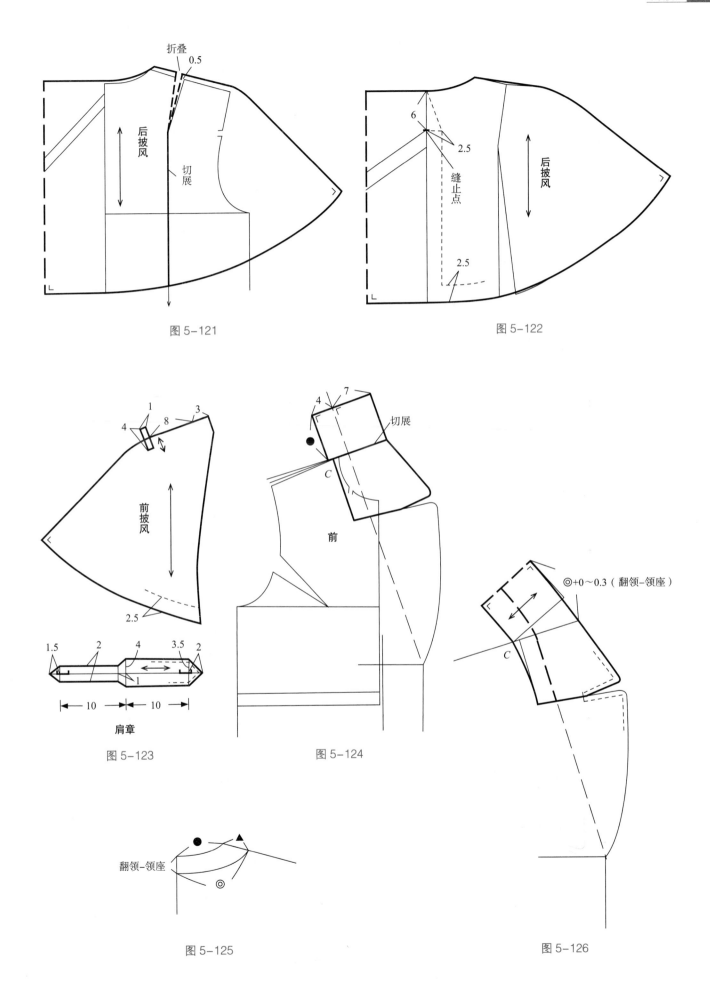

折叠
0.5
后披风
切展
图 5-121

6
2.5
缝止点
2.5
后披风
图 5-122

1
4
8
3
前披风
2.5

1.5
2
4
3.5
2
1
10
10
肩章
图 5-123

4
7
切展
C
前
●
图 5-124

◎+0～0.3（翻领-领座）
C

翻领-领座
●
▲
◎
图 5-125

图 5-126

14. 外套结构设计案例十四：高立领连身袖上装

14.1 款式特点分析

此款上装为斜衣襟，高立领，四粒扣，连身袖结构。胸部松量较大，腰部以半省形式收腰，同时有一定的装饰效果。前衣身两侧各一个1cm宽的单牙挖袋。后衣身中心线破缝作收身处理。肩部可加厚度为0.8~1cm的圆形垫肩（图5-127、图5-128）。具体规格尺寸设计见表5-14。

图 5-127

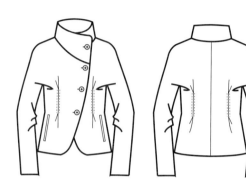

图 5-128

表5-14 规格表 单位：cm

号/型	部位	衣长	胸围	袖长
160/84A	净体尺寸	38（背长）	84	52（臂长）
	成品尺寸	58	103	57

14.2 结构制图要点

（1）衣身制图：

① 以160/84A规格的原型为基础制图。

② 原型省道分散变化：后衣身肩省量的2/3转移到袖窿处，作为袖窿松量；前衣身领口处拉开0.5cm的量，胸省余量作为袖窿处松量，绘制如图5-129所示。

③ 衣长（原型颈后点至后衣摆的长度）：前、后衣身原型腰围线向下延长20cm，定衣长58cm，绘制如图5-130、图5-131所示。

④ 胸围：后衣身原型在胸围线侧缝处加3cm的松量，胸围线上去除0.5cm的量；前衣身原型在胸围线侧缝处加1cm的松量；前中心处放0.5cm的松量是因为考虑到面料的厚度。

⑤ 前衣身左右衣襟为不对称结构，左衣襟止口为距前中心线3cm处。

（2）领制图：

① 在前衣身领口处直接画右衣片领，过前领口止点向上3.5cm点与FNP点连直线，画领，圆顺领底线，绘制如图5-132所示。

② 完整领结构绘制如图5-133所示。

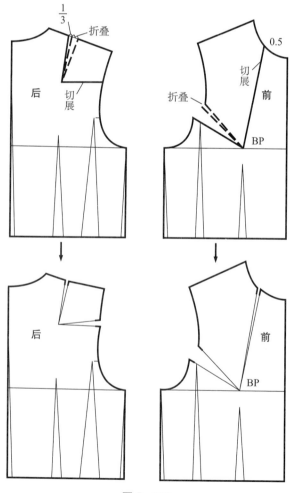

图 5-129

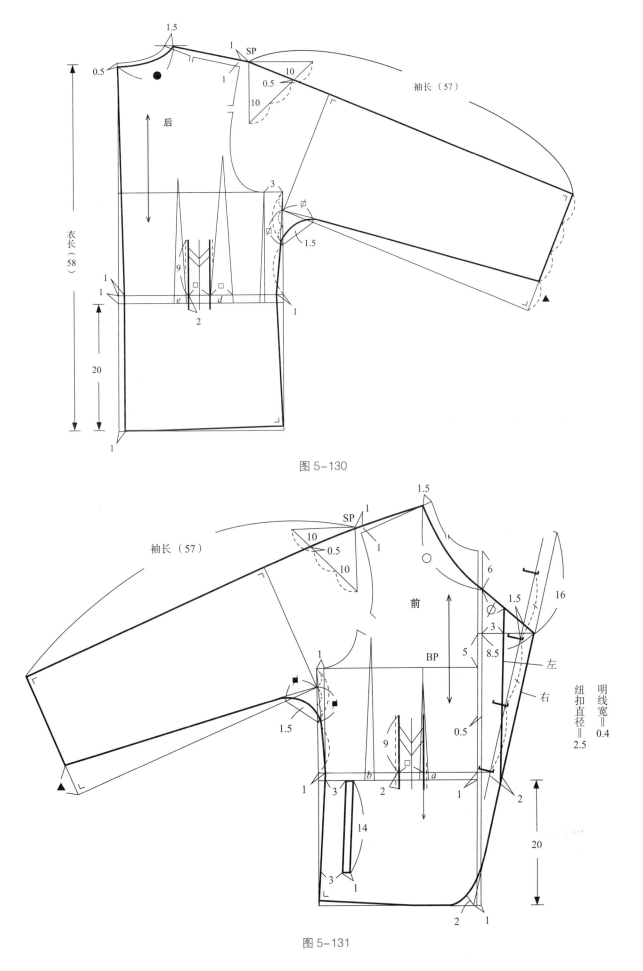

图 5-130

图 5-131

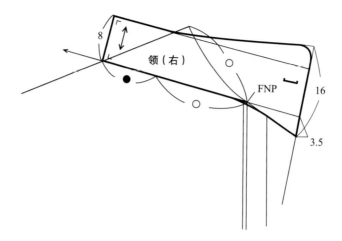

图 5-132

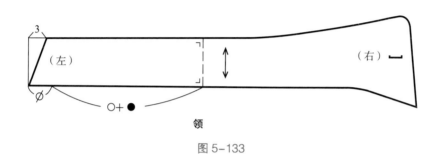

领

图 5-133

15. 外套结构设计案例十五：立领双排扣大衣

15.1 款式特点分析

此款上装为立领、双排扣结构，肩部有育克设计，腰部、袖口有装饰带设计，口袋为有带盖的贴袋。前衣身刀背缝分割线到腰部结束。后衣身刀背缝分割线到衣摆，腰部有横向分割拼接与前衣身装饰腰带呼应。垫肩厚度1~1.5cm（图5-134、图5-135）。具体规格尺寸设计见表5-15。

图 5-134

图 5-135

表5-15　规格表　　　　　　　　　　　　　　　　单位：cm

号/型	部位	衣长	胸围	臀围	袖长
160/84A	净体尺寸	38（背长）	84	90	52（臂长）
	成品尺寸	84	98	101	58

15.2 结构制图要点

（1）衣身制图：

①以 160/84A 规格的原型为基础制图。

②原型省道分散变化：后衣身肩省全部转移到袖窿处，其中 1/3 的量在育克分割线中去除，余量作为袖窿松量；前衣身胸省量的 1/3 作为袖窿处松量，领口处拉开 0.5cm 的量，余量在衣身分割线中去除，绘制如图 5-136 所示。

③衣长（原型颈后点至后衣摆的长度）：前、后衣身腰围线对齐，后衣身在腰围线向下延长 46cm，定衣长为 84cm，绘制如图 5-137 所示。

④胸围：后衣身原型在侧缝处加 2cm 的松量，胸围线上去除量总为 1cm。前、后衣身腋下点下落 1cm；前中心处放 0.5cm 的松量是因为考虑到面料的厚度。

⑤腰长即臀围线位置：（号 /10）+2.5cm。

⑥前衣身口袋盖稍大于袋口尺寸。

⑦前肩线比后肩线少 0.5cm 的缩缝量，可依具体面料调整。

⑧前衣身装饰腰带绘制如图 5-138 所示。

⑨后衣身分割腰带绘制如图 5-139 所示。

（2）领制图：如图 5-140 所示。

（3）袖制图：

①袖山高绘制如图 5-141 所示。

②袖身绘制如图 5-142 所示。

③袖口处有装饰带。

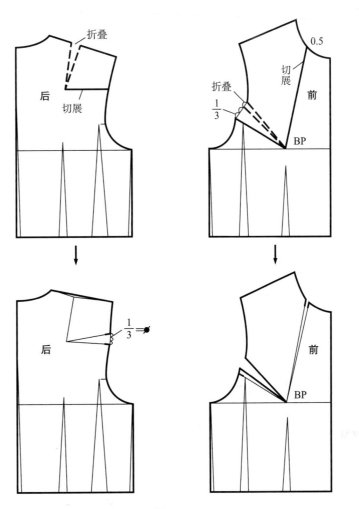

图 5-136

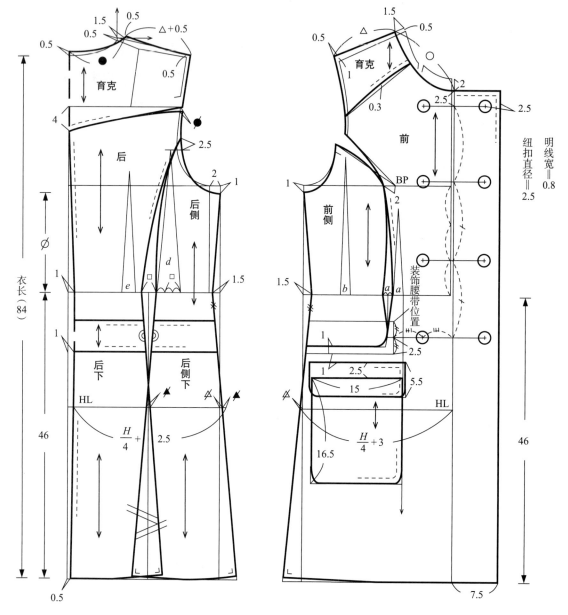

图 5-137

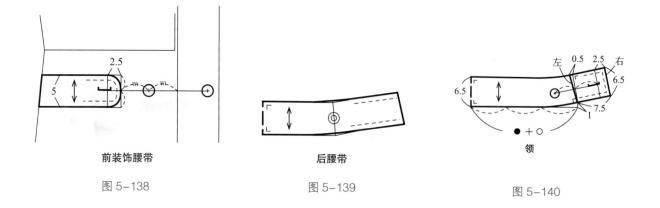

前装饰腰带

图 5-138

后腰带

图 5-139

领

图 5-140

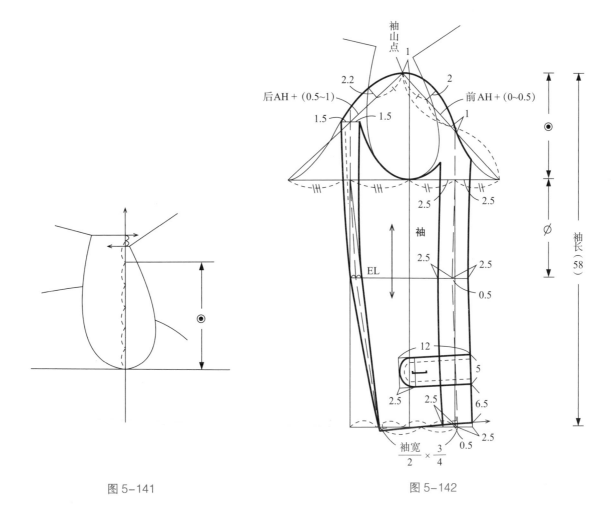

图 5-141   图 5-142

16. 外套类上装延展结构设计分析

随着流行时尚的发展，外套类上装款式结构变化很快且样式越加繁多，但其中也有规律可循。熟练地把握规律、灵活应用，逐步构建完整的结构设计思维体系，将会事半功倍。在结构设计思维体系中，从平面结构设计思维与立体结构设计思维相结合，到完全的立体结构设计思维，是结构设计发展的更深层次。下面的一组图片将会帮助我们把思维从平面结构设计引向更深层次的立体结构设计，进而达到结构设计能力的提升与完善（图 5-143~ 图 5-155）。

图 5-143

图 5-144

图 5-145

图 5-146　　　　　　　　　图 5-147　　　　　　　　　图 5-148

图 5-149　　　　　　　　　图 5-150　　　　　　　　　图 5-151

图 5-152　　　　　　图 5-153　　　　　　图 5-154　　　　　　图 5-155

完成模块

模块6　女上装结构设计纸样板的完成

　　无论是单裁单做，还是批量生产，服装样板的制作与完成是服装结构设计的后续和发展，是服装工艺制作的前提准备，是结构设计与工艺制作之间必要的衔接。服装样板是在服装结构图的基础上，周边作出放量即缝份，并标注文字标记、定位符号等，形成一定形状的样板。一套规格完整的样板，应在保证原有的结构风格特征的原则下，结合面料的特征，考虑裁剪、缝制、整烫等工艺条件，做到既有规范性又有科学性。

1. 样板的分类

　　样板可分为服装个体裁剪样板和服装工业样板，服装工业样板是建立在人体号型系列数据的基础上的制板，因服装工业化生产通常为批量生产，所以工业样板的制作有规范的标准。比较而言，服装个体裁剪样板形式灵活，是以单个人体的尺寸为依据进行制板，以单裁单做的形式完成。

　　所谓工业样板是指以批量生产为目的制作服装而准备的纸样，是生产同一产品，多种规格的批量生产的需要。工业样板由一整套从小到大，各种规格的面料、里料和衬料样板组成，可分为裁剪样板和工艺样板两大类见表6-1。

表 6-1　服装工业样板分类

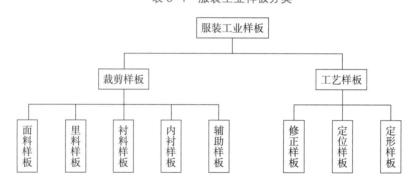

1.1 裁剪样板

　　裁剪样板主要用于批量裁剪中的排料、划样等工序，其均为毛样板。裁剪样板又可分为面料样板、里料样板、衬料样板、内衬样板、辅助样板。

　　内衬样板是指面料与里料之间填充物（毛织物、絮料、起绒布等）的样板。

　　辅助样板是指服装有特殊部位用绣花、松紧带等工艺时处理，需要制作的辅助裁剪样板。

1.2 工艺样板

　　工艺样板主要用在服装缝制加工过程和后整理环节中，可以使服装加工顺利进行，保证产品规格一致，提高产品质量。工艺样板是对衣片或半成品进行修正、定位、定形等处理的样板，可分为修正样板、定位样板、定形样板。

　　修正样板是保证裁片在缝制前与裁剪样板保持一致的样板。面料在裁剪、熨烫过程中会产生不同程度的变形，需要用标准的样板进行核对、调整。修正样板也常用于需要对条格的服装制作中。

定位样板主要用于半成品中某些部件的定位，如衣片上口袋、省道、折边等位置的确定。通常在多数情况下，定位样板与修正样板两者合用。

定形样板是为保证某些关键部位的外形、规格符合标准而采用的用于定形的样板。主要用于衣领、衣袋等部位，通常为净样板，样板常用较硬、耐磨的材料制成（图 6-1）。

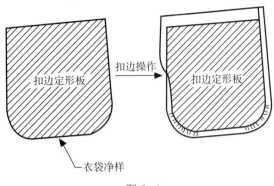

图 6-1

2. 样板的检查与修正

净样板的检查与修正包括：结构制图时重叠的部位，要分别透描完整，检查所有部位的净样板是否齐全；对各部位设定尺寸的复核，主要包括衣长、胸围、腰围、臀围、袖长等主要部位的尺寸检验；对各缝合部位的尺寸是否匹配、对合的线条是否圆顺的检查修正，例如：

2.1 衣身领口的圆顺（图 6-2）

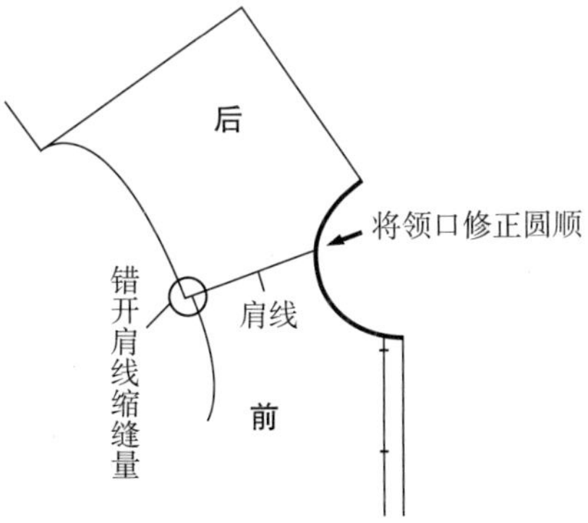

2.2 肩部袖窿弧线的圆顺（图 6-3）

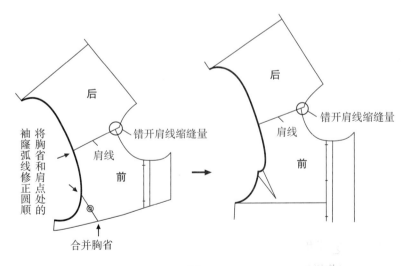

图 6-2

图 6-3

2.3 衣身袖窿弧线的圆顺（图6-4）

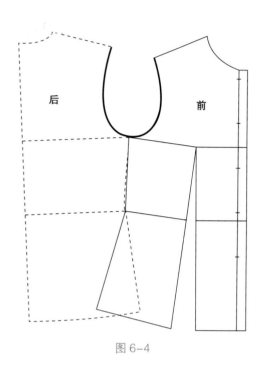

图6-4

2.4 衣摆的圆顺（图6-5）

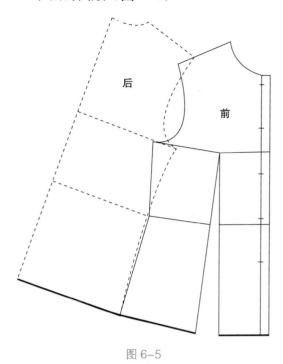

图6-5

2.5 装领尺寸核查（图6-6）

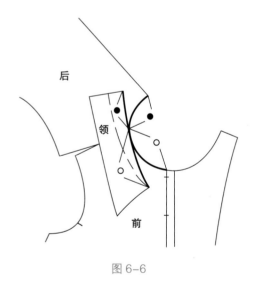

图6-6

2.6 袖山弧线与袖口线的圆顺（图6-7）

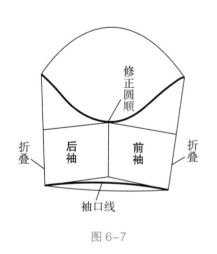

图6-7

2.7 其他

长度如侧缝是否等长、前后肩线长度的匹配等都需要核查。

3. 样板缝份的加放

服装结构设计所产生的样板为净样板，不能用于缝纫。需要在净样板的基础上加出缝份，缝份是缝纫时用的量。加放缝份的样板被称为毛样板。样板缝份的加放应根据服装品种、款式结构、面料特性和缝制工艺要求等来决定。

3.1 样板缝份的加放与缝制工艺（表6-2）

表6-2　不同缝制工艺的缝份参考数据表　　　　　　　　　　　单位：cm

名称	图例	说明	参考放量
分缝		平缝后缝份两边分开烫平	1
倒缝		平缝后缝份向一边烫倒	1
		上层面料缝份被包住，且有一条明线，下层缝份需锁边，可见两条线迹	如明线宽度为0.5，上层面料缝份为明线宽度减0.1，下层面料缝份为明线宽度加0.5
来去缝		先将两裁片反面相对，缉线约0.5宽，再翻到裁片正面缉线约0.6~0.7，将缝份包光	1.2~1.4

续表

名称	图例	说明	参考放量
包缝	（正）　　（正）	正面可见一条线迹，反面可见两条线迹	如包缝明线宽0.6，被包缝一侧缝份0.4~0.5包缝一侧缝份0.6×2+0.2
弯绸缝	（反面）	相缝合的一边或两边为弧线	0.6~0.8

3.2 样板缝份的加放与裁片的部位（表6-3）

表6-3　不同部位的缝份参考数据表　　　　　　单位：cm

部位	参考放量
底摆	衬衫：2~2.5，一般上衣3~3.5，毛呢类4，大衣5
袖口	一般与底摆放量相同
口袋	明贴袋大袋无袋盖式3.5，有袋盖式1.5，小袋无袋盖式2.5，有袋盖式1.5
开衩	一般1.7~2
开口	装拉链或钉纽扣的开口，一般1.5~2

3.3 样板缝份的加放与面料

面料的质地有薄有厚，有松有紧，所以样板缝份的加放还要考虑面料的质地特征。通常质地紧密而薄的面料可按0.8cm，中等厚度与密度的面料可按1cm，质地厚而疏松的面料由于在裁剪及缝纫时容易脱散，所以缝份应相应加大，可为1.2~1.5cm。

在一些高档面料的样板缝份加放时，有时会在人体容易发生变化的部位多加放一些缝份，以备放大或加肥时使用。例如上衣的背缝、侧缝、袖缝，裤子的后裆缝等。一般在原缝份上再多加1.5cm左右。

4. 样板缝份的制作

4.1 全夹里上装的放缝份方法

缝份是在完成线上平行加出的。为使领窝线、袖窿线以及复杂曲线处能连顺并正确地缝合，这些地方的缝份往往作出直角处理。

刀背分割线处的放缝份方法是将成钝角侧（A）的净样线延长，与袖窿相交，在交点处作直角放缝份。另一片则在延长线上找到同尺寸，作直角放缝份，绘制如图6-8所示。

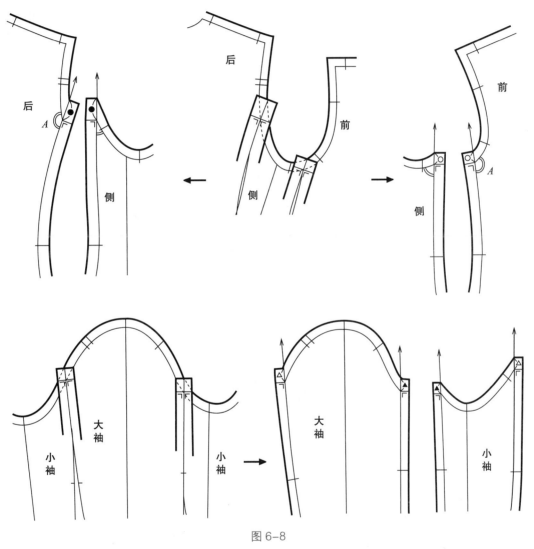

图6-8

资料来源　文化服装学院. 文化ファッション大系　改訂版・服飾造形講座④　ジャケット・ベスト［M］.
日本：文化学園文化出発局，2013：47.

4.2 无夹里上装的放缝份方法

与全夹里服装一样缝份是与净样线作平行线加出的。在缝份分缝或倒缝情况下，都要防止袖窿处的缝份错位，因而缝份都要作直角处理。角和缝份边缘对齐缝合后，整理袖窿处的缝份，减去多余的量。缝份分缝时，在作角度的位置时要作到缝份的2倍宽为止，延长净样线，加放缝份。另一片也延长相同尺寸，作直角，绘制如图6-9所示。缝份倒向中心侧时，缝份的加放方法与分缝加放方法相同，但减去量不同，绘制如图6-10所示。缝份倒向侧片侧时，绘制如图6-11所示。

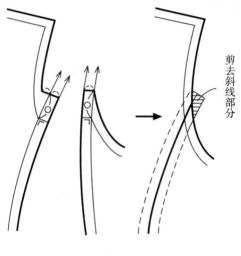

图 6-9

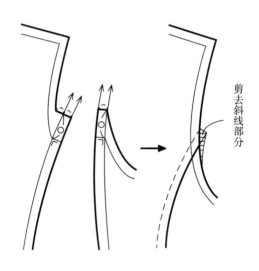

图 6-10

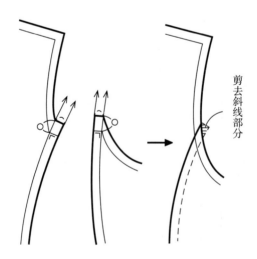

图 6-11

资料来源 文化服装学院. 文化ファッション大系 改訂版・服飾造形講座④
ジャケット・ベスト［M］. 日本：文化学園文化出発局，2013：92.

4.3 衣摆、袖口等部位折边缝份的制作

衣片的衣摆、袖口等部位的折边，如按平行净样线加放缝份，会出现尺寸不一，互不服帖的现象。正确的方法绘制如图 6-12 所示。

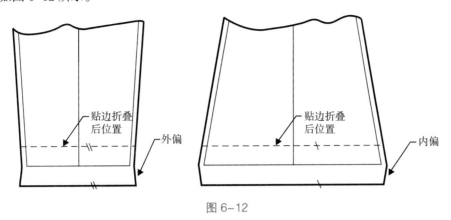

图 6-12

5. 样板的标记

必要的标记是规范化样板的重要组成部分，是无声的样板语言。样板中的标注主要包括文字的标记、剪口标记和钻眼标记。

5.1 文字的标记

文字标注的字体要规范统一，标注方向通常与布纹方向一致。图 6-13（a）通常是手工制板标注的方向，图 6-13（b）通常是 CAD 制板标注的方向。标注的主要内容包括：

①服装名称及规格的标注。

②样板名称的标注（面料样板、里料样板、衬料样板等）。

③纸样部位名称及数量的标注。

④布纹方向的标注。

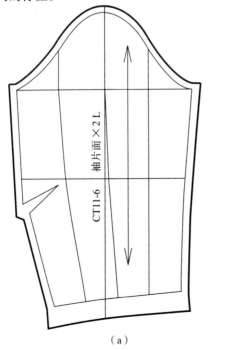
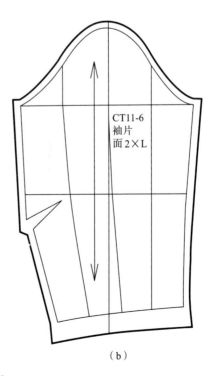

（a）　　　　　　　　　　　（b）

图 6-13

5.2 剪口标记和钻眼标记

剪口标记和钻眼标记都属于定位标记。

剪口一般用来表示缝份与折边的大小、宽窄以及对合部位的标记等。剪口的形状通常为三角形，宽度为 0.2~0.3cm，深度为 0.5cm，并垂直于轮廓线。

钻眼是在裁片的内部，应细小，一般不超过 0.5cm，其位置应比实际所需距离短，如收省的定位，比省的实际距离短 1cm。贴袋的定位，比袋的实际大小偏进 0.3cm。剪口与钻眼标记的部位有：

①缝份与折边的宽窄（图 6-14）。

②收省的位置和大小（图 6-15）。

③褶裥、缉裥、缝线的位置或抽褶的大小（图 6-16）。

④开衩的位置（图 6-17）。

⑤零部件装配对合的位置（图 6-18）。

⑥不同裁片相同的位置（图 6-19）。

⑦其他依款式、面料需要标明的位置。

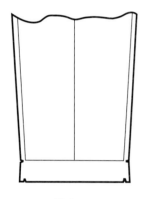

图 6-14

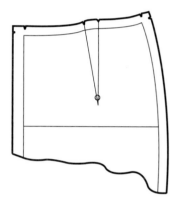

图 6-15

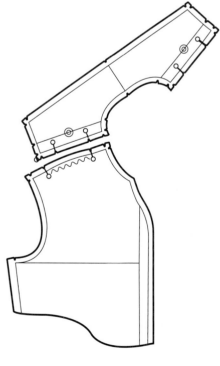

图 6-16

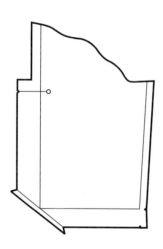

图 6-17

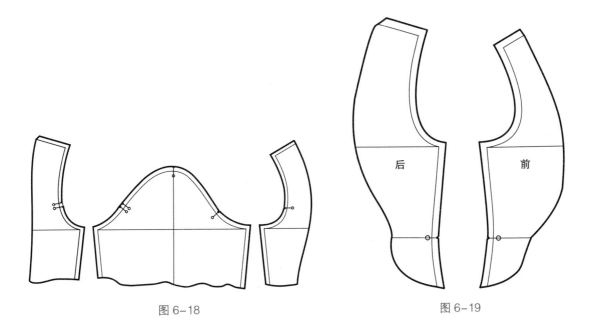

图 6-18　　　　　　　　　　　图 6-19

模块 7　排料

1. 排料的基本原则

1.1 注意面料的正反一致和衣片的左右对称

1.2 注意面料的丝缕和方向的正确
　　①依据样板上纱向线的方向，按面料的经纱、纬纱或斜纱向摆正。
　　②注意具有方向性的面料：表面起绒或起毛的面料；有些条格颜色或条格有方向性变化的面料；有些图案和花纹具有方向性的面料。对于这些具有方向性的面料，排料时要特别注意衣片的方向按设计和工艺要求，保证衣片外观的一致和对称，避免图案倒置。

1.3 注意面料的色差与疵点

1.4 注意对条对格

1.5 注意节约用料
　　①齐边平靠，紧密套排：齐边平靠是指样板有平直边的部位，平贴于面料的一边或两条直边相靠。其他形状的边线，弯弧相交，凹凸互套，紧密套排，尽量减少样板间的空隙。
　　②先大后小，缺口合并：先将主要部件、大部件按上述方法，两边排齐，尽量将有缺口的样板合并在一起，使两片之间的空隙加大，放入小片样板。

2.西服上装的面料排料图（图7-1）

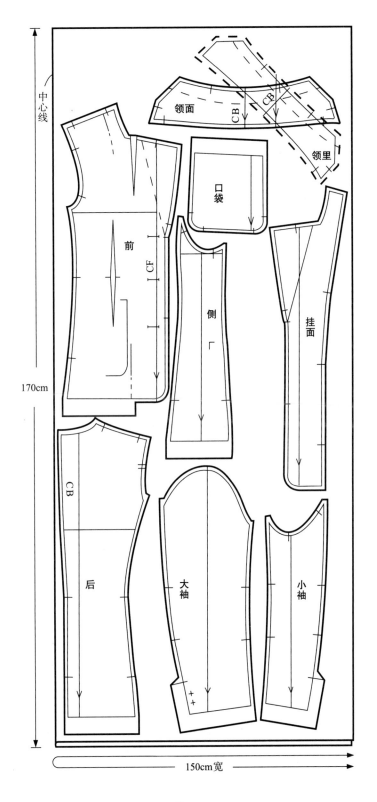

图7-1

资料来源 文化服装学院. 文化ファッション大系 改訂版·服飾造形講座④ ジャケット·ベスト［M］.
日本：文化学園文化出発局，2013：62.

后 记

　　如何增强学生服装结构设计的实际应变能力，如何构建完整的、可持续发展的服装结构设计思维，如何形成学校教育与企业需求的有效途径，是一个大的课题，希望本书能够抛砖引玉，希望同行和前辈提出宝贵意见共同探讨。

　　本书以日本文化服装学院新原型结构制图方法为主，对提供相关理论依据的同行表示深深的感谢！随着书稿的完成，编者深感日本文化服装学院新原型结构制图方法的完整性、科学性和可持续发展性，希望通过编者的努力能够让更多的人知道、了解、熟悉、掌握并运用它。在本书编写过程中，刘奕彤、程宵琼、刘津君、白杨等同学为本书的插图做了大量辛苦的工作，在此表示衷心的感谢！

编者

2017 年 7 月